그리고 찢고 붙여서 만드는 사랑샘 놀이

민주와 함께 하는
엄마표 놀이

그리고 찢고 붙여서 만드는 사랑샘 놀이

민주와 함께 하는
엄마표 놀이

강은영 지음

★★★★★
하루 10분,
아이를 변화시키는
엄마표 놀이

이가서
Leegaseo publishing

요즘 아이들은 초등학교 입학 전부터 학원가기 바쁩니다. 아이가 뱃속에 있을 때는 건강하게 태어나기만을 바라지만, '엄마'라는 말을 시작하면서부터 엄마의 마음에는 이것저것 욕심이 생겨나기 시작합니다.

이웃 엄마들을 만나면서 다른 아이와 비교하게 되고, 내 아이가 조금이라도 뒤처진다는 생각이 들면 조바심이 생기기 시작하죠.

비싼 전집을 들이밀고 문화센터를 다니면서 아이에게 놀이 세상이 아닌 지식의 세상을 보여주기도 합니다.

사교육이 넘쳐나는 세상에서 아이들의 순수함을 지켜주는 방법은 '엄마와 함께 노는 것'입니다. 창의력 계발을 위해 비싼 미술학원을 보내기보다 집에서 아이들과 간단한 재료를 가지고 충분히 놀아줄 수가 있어요. 미술 놀이나 만들기의 목적은 작품 완성이 아니라 그것을 만들고 그리는 과정에서 느끼는 아이들의 행복에 있습니다. 놀이를 통해 아이들의 생각을 읽고 창의력을 키워 주세요.

가짜 놀이는 창의성을 키워 줄 수가 없습니다. 엄마와 함께 하는 진짜 놀이를 통해 아이들의 창의성을 키워 주어야 합니다. 창의성은 한 번에 쉽게 만들어질 수 없으며, 반복적인 놀이를 통해 만들어집니다. 스스로 생각하고 상상하며 만드는 놀이가 될 수 있도록 도와주어야 합니다.

창의성뿐만 아니라 무한 잠재력을 찾아줄 수도 있습니다. 잘하는 부분은 구체적으로 칭찬 해주고 부족한 부분은 엄마가 조금씩 도와주면서 아이 스스로 문제를 해결할 수 있도록 조력자, 안내자 역할을 해주면 됩니다.

부담 없이 아이와 소통하며 즐길 수 있는 놀이를 지금 시작해 보세요. 아주 작은 놀이부터 시작해 점점 놀이의 폭을 넓혀 가면 좋겠습니다.

저는 평범한 두 아이의 엄마입니다. 미술과 관련된 일을 하는 것도 아니고, 유아 교육 전공자도 아닙니다. 미술에 소질이 있어야만 아이들과 미술 놀이를 할 수 있는 건 아니라는 사실을 알리고 싶은 마음에 제 경험을 책에 담았습니다.

많이 배우고 경험이 있어야만 미술 놀이나 만들기 놀이를 해줄 수 있는 것은 결코 아닙니다. 누구나 할 수 있어요. 내 아이를 사랑하는 마음만 있다면 언제 어디서든 아이들에게 놀이 해줄 수 있습니다.

이 책에 담은 저만의 '엄마표 놀이'들은 복장과 장소에 제한을 받지 않습니다. 보여주기식의 놀이가 아니라는 뜻입니다. 순간순간 놀이하는 모습을 자연스럽게 사진에 담았고, 아이들이 놀이 속에서 행복해 하는 모습을 실었습니다.

놀이 중에 멈추고 사진을 찍으면 놀이가 중간에 끊기고 흥미를 잃을 수 있다는 사실도 참고하면 좋을 듯합니다.

다 쓴 휴지심이나 달걀판, 달걀 껍데기, 못 쓰는 상자 등이 놀이 재료가 될 수 있습니다. 아이들에게 재료를 주고 이리저리 탐색하게 하고 함께 무엇을 만들지 이야기를 나누다 보면 생각지도 못한 작품이 나오기도 합니다. 엄마가 이거 하자 저거 하자 식으로 주도해 버리면 아이들은 소극적인 놀이를 하게 됩니다. 아이가 주도되는 놀이, 아이가 즐기는 놀이를 할 수 있도록 엄마들이 도와주어야 합니다. 놀아주고 싶은데 어떻게 놀아주어야 할지 고민하는 엄마들, 아이와 애착 형성을 돈독하게 하고 싶은 부모들에게 큰 도움이 되길 바랍니다.

엄마표 놀이를 시작하게 된 이유

저는 결혼한 지 6년 만에 아이가 생겼어요. 모든 것이 서툴기만 했습니다. 간절히 원해서 생긴 아이였기 때문에 태어나기만 하면 천사 같은 아이와 무지개 빛 육아를 할 줄 알았지만 다들 알다시피 육아는 현실이죠. 아이의 기본적인 욕구만 챙기기에도 엄마들의 체력은 금세 바닥나 버립니다.

초보 엄마들에게 육아와 놀이를 함께 할 수 있을 만큼의 체력적인 여유가 없습니다. 저도 아이가 어렸을 때부터 놀이하지 않았어요.

왜냐하면, 아이를 낳고 산후풍과 산후 우울증으로 아이를 돌볼 시간도 없었거든요. 첫아이가 태어나서 제대로 안아주거나 눈을 마주치며 웃어준 적이 없었습니다.

아이는 저를 엄마로 생각하지도 않았고 거부하기 시작했어요. 아이가 태어나서 0~3세까지 애착이 형성되는 시기라고 전문가들은 말하는데 저는 그 시기를 놓치고 말았지요. 아이는 인형에 애착을 가지며 엄마를 대신하고 있었고 갑자기 생긴 동생 때문에 혼란스러워했습니다.

아이를 뱃속으로 다시 집어넣고 싶었고 처음부터 육아하고 싶었지만 돌이킬 수가 없었습니다. 그러던 중 우연히 마트에서 1+1 하는 두부를 사 와 아이들에게 무심코 던져준 것이 엄마표 놀이의 계기가 되었습니다.

말랑말랑한 두부의 촉감을 느끼며 손가락 사이로 두부가 빠져나오는 걸 보고 행복해하는 아이들을 보면서 순간 "이거다!"라는 생각을 했어요.

놀이만이 엄마와 다시 애착을 형성할 수 있을 거라는 기대와 믿음이 생기더라고요. 그후로 아이들에게 국수와 라면을 삶아서 오감 놀이를 해주었고 물감을 풀어서 미술 퍼포먼스로 연결해 주었습니다.

엄마의 추임새에 아이들은 행복해 했고 엄마가 자신들을 위해 놀이를 해주는 모습에 사랑을 느끼는 듯했습니다.

지금 아이들은 저에게 많이 사랑한다고 말해주고 엄마가 이 세상에서 최고라고 엄지를 들어 올려줍니다.

애착 시기를 놓쳐 힘들어하는 부모들에게 놀이를 통해서 다시 아이와 사랑을 나누고

교감할 수 있다는 경험을 자신 있게 말해주고 싶어요.

　세상엔 놀이를 싫어하는 아이들은 없습니다. 단지 놀아주지 않는 부모만 있을 뿐이에요. 놀이 안에서 아이들과 소통하고 충만한 사랑을 경험할 수 있으면 좋겠습니다.

우리 아이들이 달라졌어요!!

　엄마표 놀이를 시작한 지 4년이 되었습니다. 아이들은 이제 하나의 사물을 보더라도 그냥 사실적으로 보지 않고 상상의 날개를 펴서 사물을 바라봅니다. 구름을 보면 솜사탕 같다고 얘기하고 물티슈 같다고도 합니다. 바닥에 있는 돌멩이와 나무 밑에 떨어진 솔방울을 그냥 지나치지 않아요. 무심코 지나칠 수 있는 사물들을 보며 무엇을 만들까? 라고 생각을 하는 아이들이 되었답니다.

　어느 날 아이들과 산책을 하다가 아이가 풀잎들을 따고 싶다고 얘기했어요.

　"엄마 이 풀을 뜯어서 미술 놀이 하면 좋겠다."

　"이 풀로 뭘 하고 싶은데?"

　"사자 갈기를 표현하면 너무 좋을 것 같아"

　아이의 한 마디에 기쁨을 감출 수가 없었습니다. 그동안 놀이를 하면서 가짜 놀이를 한 게 아니구나 라는 생각이 들어서 너무나 뿌듯했답니다.

　가랑비에 옷이 젖듯, 그렇게 아이들은 조금씩 놀이를 통해 창의력과 상상력이 풍부한 아이들로 성장하고 있습니다.

　놀이를 통해 아이들은 많은 것들을 배웁니다. 놀이 안에서 규칙과 질서를 배우고 사회성을 키웁니다. 형제끼리 놀이를 하며 우애를 다지고 협동심을 배우기도 합니다. 만들기를 통해 시행착오를 경험하고 다시 완성하려는 의지와 끈기를 배웁니다.

　이렇게 아이들은 놀이라는 세상 안에서 많은 것을 배우고 성장해 나갑니다. 돈을 주고

도 배울 수 없는 것들을 가정에서 엄마와 함께 할 수 있습니다.

재능이 있어야 함께 놀이해줄 수 있는 것은 아닙니다. 엄마가 아이와 즐길 준비만 되어 있으면 당장이라도 가능합니다. 하루에 10분 만이라도 좋습니다. 아이들과 작은 놀이부터 시작해 보세요.

엄마들의 추천평

연년생 남매의 육아에 힘들면서도 매일매일 열정적으로 창의력 퐁퐁 솟는 놀이를 하고 집안이 난장판이 되어도 아이들이 성에 찰 때까지 맘껏 해보게 도와주는 엄마표 놀이 사랑샘님의 놀이책을 열심히 따라 하다 보면 어느새 아이와의 애착과 창의력이 술술 자라있는걸 보게 될 거에요. 다 같이 엄마표 놀이의 세계로 사랑샘님을 따라 오세요.

〈박유선. 찬이맘〉

아이에게 놀이는 밥이자 권리이다. 요즘 아이들을 보면 놀지 못해 마음의 병이 생기는 경우 많다. 놀이는 아이들에게 생명수와 같다. 놀이를 하면서 아이들은 무수히 많은 것을 배우고 마음의 치유를 하기도 한다. 아이와 무엇을 하며 놀아야 할지 고민인 엄마들이라면 엄마표 사랑샘님의 놀이책을 꼭 추천한다.

〈성지혜. 축복맘〉

"엄마표"
워킹 맘은 엄두도 못 낼 브랜드(?)인 줄 알았는데, 어렵기만 한 게 아니더라고요.
주변에서 손쉽게 구할 수 있는 재료로 아이와 함께 '놀 궁리'만 하면 되는 것 같아요.
'놀 궁리'하면서 창의적인 엄마, 창의적인 아이가 되는 것!
엄마표 놀이 사랑샘님을 통해 배웠어요.

〈베라카 권님. 우야맘〉

사랑샘의 엄마표 놀이는 다릅니다. 아이와 놀아주는 게 아닌 아이가 스스로 노는 놀이!

사랑샘님의 놀이는 '꽃을 그려볼까'에서 시작하면 어느새 아이는 꽃밭을 만들고 나비와 개미, 물을 주는 아이까지 스스로 확장해가며 그리게 되는 그런 놀이에요.

아이들과 즐겁게 놀아주고 싶은 분들께 사랑샘의 마력의 놀이책을 추천합니다.

〈신경미. 재영맘〉

'엄마표 놀이 사랑샘'이란 닉네임에서 볼 수 있듯이 사랑샘은 사랑이 넘치는 엄마이자 아이디어가 풍부한 놀이 선생님이다.

아이들이 쉽고 재미있게 따라 할 수 있는 다양한 아이디어의 놀이 방법들을 제시하고 있다.

아이들의 흥미 유발뿐 아니라, 아이의 오감을 깨울 수 있는 방법들이 많다. 집에서 할 수 있는 다양한 놀이들이 구체적으로 소개되고 있어 아이와 어떻게 시간을 보내야 할지 모르는 부모라면 이 책을 통해 쉽고 재미있게 따라해 보길 적극적으로 추천한다.

〈지수경. 지우맘〉

24시간 아이와 밀착된 시간은 생각보다 괴롭습니다. 미소 짓고 웃는 순간은 1시간도 되지 않았습니다. "대체 어떻게 놀아 줘야 하지?" 육아와 가사만으로는 엉덩이를 붙일 겨를이 없었는데 놀아주는 법까지 고민해야 했습니다. 대신 고민해 주는 놀이책이 있었으면 좋겠다고 생각했습니다. 이 책은 놀이에 대한 고민을 대신합니다. 오로지 엄마와 아이의 행복한 놀이를 선물합니다. 이 책이 선사하는 선물의 수혜자가 되길 기대합니다.

〈황수빈. 창현맘〉

우리 아이의 창의력 향상을 위해 엄마표 놀이를 하고 싶은 엄마들이 많지요. 저 역시 엄마가 아닌 '선생님'이 되어야 한다는 부담감으로 선뜻 엄마표 놀이에 동참하지 못할 때 사랑샘님의 놀이를 만났습니다. 사랑샘님 놀이는 아이들과 놀아주는 것이 아니라 함께 놀며 즐기는 누구나 따라할 수 있는 쉬운 엄마표 놀이였어요. 사람샘님이 주변에 있는 재료들을 아이들 앞에 펼쳐놔 주면 아이들은 섬세한 감성으로 무한 상상력을 표현해냅니다.

놀이의 즐거움을 아이들의 마음속에 꾹꾹 채워주는 책. 창의력과 감성이 자라는 책. 아이들의 웃음을 볼 수 있어 엄마들이 더욱 행복한 책. 엄마 냄새가 나는 책을 추천합니다.

〈김서아. 태율·윤아맘〉

육아를 하면서 가장 어려운 것 중 하나는 '오늘 뭘 하면서 놀아줘야 할까?'에 대한 고민이다. 아이들은 놀이를 통해 삶을 이해하고 배운다고 하는데, 어떻게 놀아줘야 하는지 사실 막막하다. 그럴 때마다 키즈 카페, 영화 관람과 같은 엄마가 편한 활동을 먼저 찾지만 아이들은 엄마와 함께하는 놀이를 원했다. 그러던 중 올해 초 엄마표 사랑샘님의 블로그를 알게 되었다. 사랑샘님만의 놀이 철학이 담겨져 있었다. 요즘도 출근 도장 찍 듯 아이들과 놀이를 위해 들러 아이디어를 얻는다. 사랑샘님 놀이를 책으로 만날 수 있어서 너무 반가웠다. 육아가 쉬워지는 방법!! 많은 엄마에게 강력하게 추천한다.

〈박선진. 승윤맘〉

사랑샘님의 놀이를 만나기 전에는 매번 아이들과 어떻게 놀아줄까 고민했었는데 사랑샘의 놀이 방법을 하나하나 따라해 보니 아이들의 오감 만족은 물론 창의성까지 키워주는 만능 놀이였어요. 사실 엄마가 따라하지 못하는 놀이는 아이들과 함께 하기도 어렵고 버거운데 사랑샘님의 놀이는 쉽게 따라 할 수 있어서 아이들과 즐겁게 놀아줄 수가 있었어요. 쉽고 재미있는 놀이가 있는 사랑샘님 놀이를 책으로 만날 수 있어서 너무 기쁩니다.

〈김민정. 하람·물결맘〉

사랑샘의 놀이를 보고 있으면 나도 어린 아이가 된다. 블로그 영상에서 아이들에게 맞장구 쳐 주는 사랑샘의 목소리를 들으면 규형이와 민주 옆에서 함께 놀고 싶어진다. 놀이의 주인공은 민주와 규형이지만 알게 모르게 그곳에 앉아서 놀이를 즐기고 있었다. 어른도 한순간에 아이가 되는 마법 같은 놀이에 푹 빠지게 된다. 놀 준비 됐나요?

〈이은진. 관형·가연맘〉

사랑샘 놀이가 특별한 이유!!!

1. 사랑샘 놀이책에는 아이들의 놀이 사진과 순서가 구체적으로 설명되어 있어 쉽게 따라 할 수 있어요.
2. 사랑샘 놀이책에 나오는 만들기 재료들은 집에서 쉽게 구할 수 있는 재활용 놀이가 많이 실려 있어요.
3. 사랑샘 놀이책에는 만들기 놀이, 미술 놀이, 계절 놀이, 과학 놀이, 요리 놀이가 있는 통합 놀이에요.
4. 3세~7세 아이들이 좋아하는 놀이만을 담았어요.
5. 아이들의 옷과 장소를 생각하지 않고 형식없이 있는 그대로 놀이하는 사진을 담았어요.
6. 딱딱한 놀이책이 아닌 엄마 냄새가 나는 책이에요.
7. 많은 엄마의 추천 평이 있는 놀이책이에요.
8. 어린이집 원장님들의 추천하는 책이에요.
9. 책뿐 아니라 사랑샘 놀이는 블로그를 통해서 계속 만날 수 있어요.
   http://blog.naver.com/zamza79

차례

2부 엄마표 미술 놀이

3부 엄마표 계절&자연 놀이

- 할로윈 유령 가면
- 할로윈 초콜릿 목걸이
- 할로윈 호박 바구니
- 할로윈 마녀 모자

4부 엄마표 과학 놀이

5부 엄마표 요리 놀이

아이들 작품을 전시해 주세요!

아이들과 함께 만든 만들기 작품과 그림은 버리지 말고 보이는 곳에 전시해 주세요.
자신의 작품을 보며 성취감이 생기고 자연스럽게 아이의 자존감도 높아져요.
또한 미술 놀이에 흥미를 보이는 적극적인 아이가 될 수 있습니다.

미술 재료를 정리해 주세요.

아이들과 놀이 재료를 찾을 때 정리가 되어있지 않으면 찾는 시간이 많이 걸려요.

재료별로 정리해 놓으면 아이들이 쉽고 빠르게 재료를 찾아서 스스로 창의적인 작품을 만들게 되지요.

스스로 재료를 찾아서 놀이를 하는 주도적인 아이로 키워 주세요.

집에서 자주 쓰는 놀이 도구

1. 가위와 풀은 미술 놀이에 빠지면 안 되는 도구지요.

가위는 아이 손에 맞는 어린이용 가위와 풀은 물풀, 딱풀, 목공풀을 주로 사용해요.
목공풀은 잘 붙지 않는 플라스틱이나 나무 등에 붙일 때 사용해요.

2. 각종 끈 종류

모루나 철사는 잘 구부러져서 인형의 팔, 다리를 만들기도 하고 실은 인형의 머리를
표현하기도 해요. 작품을 걸거나 고정할 때 끈들이 필요해요.

3. 눈알 스티커

눈알이 크기별로 있고 스티커라서 쉽게 동물 눈이나 인형 눈을 붙여 생동감 있게
표현할 수 있어요.

4. 물감

수채화 물감, 아크릴 물감, 붓, 파레트, 물통만 있으면 아이와 미술 활동이 가능해요.
피부에 묻어도 잘 지워지는 물감이 유아들에게 좋아요.(저는 스노우 물감을 주로
사용해요.)
붓은 처음 미술을 하는 아이들에겐 굵은 붓이 좋아요.

5. 뽕뽕이와 플레이콘은 만들기 작품을 꾸밀 때 사용해요.

6. 색한지와 색종이는 만들기, 접기, 오려 붙이는 데 많이 사용해요.

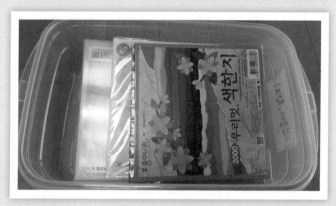

7. 스팽글과 단추는 만들기 작품을 꾸밀 때 사용해요.

8. 솔방울과 나뭇잎, 조개 껍데기 같은 자연물은 만들기 재료로 사용해요.

9. 점토는 찍기 놀이나 케이크를 만들 때 사용해요.

10. 그림을 그리기나 색칠할 때는 색연필 크레파스, 사인펜을 주로 사용하지요.

11. 만들기를 할 때 테이프를 자주 사용하지요.

양면 테이프와 스카치 테이프를 많이 사용해요. 우드락을 붙일 때에는 본드를
사용하기도 해요.

12. 글루건과 펀치

글루건은 뜨겁게 녹여서 붙이는 접착제로 잘 떨어지지 않지요.
사용할 때는 꼭 장갑을 끼고 사용하세요.
펀치는 종이의 구멍을 뚫을 때 사용해요.

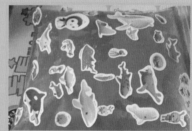

1부
엄마표 만들기 놀이

아이의 고사리 같은 작은 손으로 자르고 오리며 만들기를 하는 모습을 보면 정말 사랑스러워요.

아이들은 만들기 놀이를 통해서 많은 것을 배우고 느낍니다.

만드는 과정에서 성공과 실패를 경험하게 되면서 도전 정신과 성취감을 맛보게 되고 더불어 문제를 해결하는 능력도 커지게 되지요.

또한 다양한 재료를 만지고 탐색하면서 호기심이 발현이 되고 재료를 변화시키면서 완성된 작품을 만들어내는 과정에서 성취감을 느끼게 됩니다.

머리로 생각하고 손을 움직이면서 두뇌 발달은 물론이고 창의력 향상에 도움을 주고 부모와 함께 만들기 놀이를 통해서 무엇보다 정서적 관계가 좋아져요.

스스로 생각을 표현하게 되고 자신감이 생기는 만들기 놀이를 아이와 함께 해 보세요. ^^

1. 휴지심 꽃이 피었네!

휴지를 다 쓰고 나면 휴지심을 버리지 말고 아이들과 만들기 놀이를 해 보세요. 휴지심이 예쁜 꽃으로 변신할 수 있어요. 꽃을 좋아하는 맑고 순수한 아이들과 꽃을 만들면서 봄 꽃에 대해서 이야기하면 더 재밌겠죠~^^

놀이 효과

꽃을 만들면서 봄에 대해 알 수 있어요.

만들기를 통해 소근육 발달과 협응력이 좋아져요.

스스로 만들고 완성하는 기쁨을 통해 성취감과 자신감이 쑥쑥 자라나요.

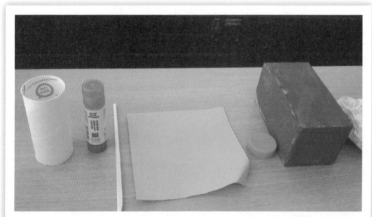

❶ 준비물은 휴지심, 색종이, 풀, 나무 젓가락, 병뚜껑, 작은 상자가 필요해요.

준비물
휴지심, 색종이, 풀, 나무 젓가락, 병뚜껑, 작은 상자

❷ 휴지심에 풀을 발라주세요.

❸ 색종이를 휴지심에 감싸서 붙여주세요.

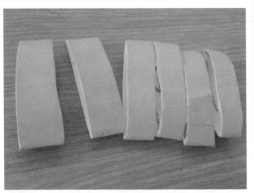

❹ 휴지심을 납작하게 눌러서 일정한 간격으로 잘라주세요.

❺ 휴지심 끝부분에 양면 테이프를 붙여 주세요.
소근육 발달과 협응력 발달에 도움이 되지요^^.

❻ 휴지심 끝부분끼리 붙여주면 꽃모양이 만들어 집니다.

❼ 줄기는 나무 젓가락에 색종이를 감싸서 만들어 주세요.

❽ 병뚜껑은 휴지심 중심부분에 글루건으로 붙여주세요.

❾ 이번엔 꽃병을 만들어 줄 거예요. 휴지심과 병뚜껑이 필요해요.

❿ 병뚜껑으로 휴지심 구멍을 막아주세요. 두꺼운 종이로 막아주셔도 되요.

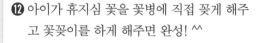

⓫ 작은 상자 윗부분에 구멍을 내고 그곳에 휴지심을 끼워주세요.

⓬ 아이가 휴지심 꽃을 꽃병에 직접 꽂게 해주고 꽃꽂이를 하게 해주면 완성! ^^

2. 공주 성 만들기

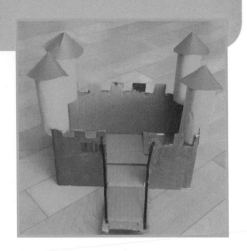

여자 아이들은 공주를 좋아하죠. 민주도 공주 인
형과 공주 놀이를 좋아해요.
공주가 사는 성을 만들자고 했을 때 신이 났어요.
버리는 박스와 휴지심으로 엄마와 멋진 성을 만
들어보세요. 역할 놀이를 통해 아이의 상상력을
키워 주세요.

놀이 효과

재활용 박스와 휴지심으로 성을 만들 수 있어 창의력 발달에 도움을 주지요.
아이는 직접 만든 작품을 보며 성취감이 생겨나요.
또한 역할 놀이를 통해 상상력이 풍부해집니다.

❶ 빈 상자를 사진처럼 잘라서 성 모양을 만들어 주세요.
아이가 물감으로 성을 색칠하도록 해주세요.

준비물
상자, 휴지심, 물감,
붓, 색종이, 고무줄

아이에게 무슨 색으로 성을 칠하고 싶은지 물어 봐 주세요.

❷ 휴지심에 색종이를 붙이고 밑 부분 양쪽에 홈을 내 주세요.

❸ 휴지심을 성 위에 끼워주세요.

❹ 색종이로 고깔 모양을 만들어 주세요.

❺ 휴지심 위에 고깔을 양면 테이프로 붙여주세요. 아이가 스스로 할 수 있도록 지도해 주세요.

❻ 고무줄을 문에 달아주고 성을 완성해보세요.

완성된 성을 가지고 아이와 재밌는 역할 놀이를 하며 아이의 상상력의 날개를 달아 주세요.

3. 꽃이 활짝 피었네!

종이 달걀판으로 꽃 모양을 만들어 아이와 미술놀이, 만들기 놀이를 해 보세요.
재활용품으로 예쁜 꽃을 만들 수 있어요. 꽃꽂이도 하면서 예쁜 화단을 꾸며 보세요.

놀이 효과

꽃꽂이를 통해 미적 감각을 키울 수 있어요.
스티커를 붙이고 꾸미면서 소근육 발달에 도움을 주고
꽃꽂이를 하면서 집중력이 향상됩니다.

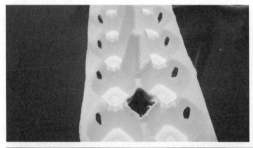

준비물
스티로폼, 종이 달걀판, 색종이, 물감,
붓, 빨대, 이쑤시개, 스티커

❶ 종이로 된 달걀판을 꽃 모양으로 잘라주세요.
   달걀이 들어가는 홈 부분을 잘라내시면 됩니다.

❷ 스티로폼 상자로 화단을 꾸며 줄 거예요.
아이가 직접 스티커를 붙여서 화단을 꾸밀
수 있도록 해주세요.

❸ 꽃 모양 달걀판 종이를 물감으로 칠해주세
요. 색깔 선택도 아이가 하게 하고 색칠도
아이가 스스로 하게 해주세요.

❹ 색칠한 꽃은 말려주세요.

❺ 꽃 모양 중간에 구멍을 내고 초록색 빨대를
꽂아주세요.
빨대 끝부분은 가위로 잘게 잘라 꽃 수술을
만들어 주세요.

❻ 이쑤시개를 스티로폼 안에 꽂아주세요.
뾰족하니 아이가 다치지 않도록 주의를 주세요.

❼ 색종이로 잎사귀를 만들어 붙여주고
꽃꽂이를 하듯이 이쑤시개에 꽃을 끼워주
세요.

❽ 재활용 달걀판으로 예쁜 꽃을 완성했어요.

4. 재활용품으로 악기 만들기

사발면을 먹고 나서 버리지 않고 아이들과 간단한 북
을 만들어 보았어요. 음악에 맞춰서 둥둥둥 북을 두
드리고 캐스터네츠를 치며 아이들과 신나는 악기 놀
이를 해 보세요.
음악 장단에 맞추어 악기를 연주하는 아이들을 보면
엄마 미소가 절로 지어진답니다.

놀이 효과

재활용품으로 여러 가지 악기를 만들 수 있다는
창의적인 생각을 키워 줄 수 있어요.
또한 악기를 연주하면서 음악적 감각이 키워질 수 있답니다.

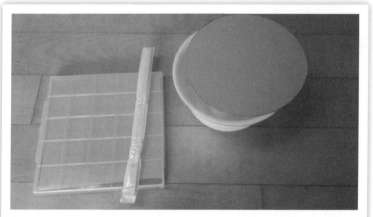

❶ 북 만들기 준비물은 빈 사발면, 두꺼운 도화지, 나무 젓가락, 색
종이가 필요해요.

준비물
빈 사발면, 두꺼운 도화지,
나무 젓가락, 색종이

❷ 사발면에 펜으로 자유롭게 꾸며주세요.

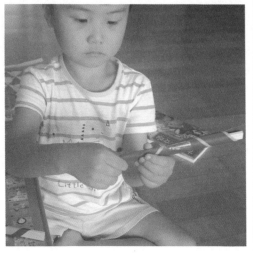

❸ 나무 젓가락에 색종이를 말아서 북채를 만들어 주세요.

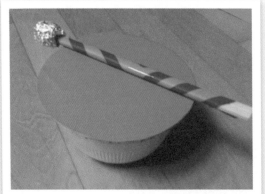

❹ 은박호일을 동그랗게 뭉쳐서 북채 끝에 붙여주면 둥둥둥 북이 완성!!

❺ 캐스터네츠는 두꺼운 종이를 반으로 접은 다음 안쪽에 병뚜껑을 붙여주세요.

두꺼운 종이 위에 그림을 그리거나 스티커를 붙여서 꾸미기를 해도 좋아요.

5. 동물들아 놀자~!

종이컵과 휴지심으로 동물 친구들을 만들어 보았어요. 동물들의 특징을 이야기하며 아이와 함께 간단하고 재밌는 만들기 놀이를 해보세요.
동물들과 친구가 되어 노는 아이 모습을 보면서 엄마 미소가 지어졌어요.
뱀을 무서워했던 아이도 놀이를 통해서 뱀과 친구가 될 수 있었습니다.

놀이 효과

동물들의 특징에 대해서 배울 수 있고 뱀을 친근하게 생각하게 되면서 무서움이 사라질 수 있어요. 동물 친구들과 역할 놀이를 하면서 상상력이 향상될 수 있습니다.

♥ 코끼리 만들기

❶ 색종이로 코끼리 귀 모양을 오려서 모양을 만들어 주세요.

준비물
종이컵, 색종이,
눈알 스티커

❷ 아이가 직접 붙이고 꾸밀 수 있도록 지도해
주세요.

❸ 종이컵에 귀를 양옆에 붙이고 눈알 스티커
를 붙여주세요. 코는 색종이를 길게 잘라 계
단으로 접어서 종이컵에 붙여주세요.

♥ 토끼 만들기

❶ 토끼 귀는 종이컵 위쪽에 끼워야 하니 두꺼운 종이에 색종이를
붙여서 토끼 귀를 만들어 주세요.

준비물
종이컵, 색종이,
눈알 스티커, 휴지

❷ 토끼 귀 밑 부분을 살짝 홈을 내서 종이컵 위쪽에 끼워주세요.

❸ 아이가 눈알 스티커도 직접 붙여서 꾸며 보도록 해주세요.
수염은 검은색 색종이를 잘라서 붙여주고 코는 휴지를 동그랗게 뭉쳐서 양면 테이프로 붙여주세요.

♥ 뱀만들기

❶ 휴지심에 색종이를 아이가 직접 붙일 수 있도록 해주세요.

준비물
종이컵, 색종이, 물감, 눈알 스티커

민주와 함께 하는 엄마표 놀이

❷ 물감을 콕콕 찍어 뱀 무늬를 꾸며 주세요.

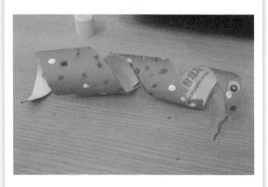

❸ 물감이 마르면 가위로 휴지심을 위 사진처
럼 사선으로 잘라주고 눈알과 뱀 혀를 붙여
주세요.

❹ 만든 동물들을 가지고 아이와 역할 놀이를 하면서 상상력을 키워주세요.

6. 개미야 놀자~!

놀이터에 나가면 아이들은 지나가는 개미들을
따라가며 관찰을 해요.
작은 개미들에 움직임에 아이들은 신기해하지요.
아이들과 개미를 만들면서 개미에 대해서 이야
기를 해보세요.
개미 책을 읽어주면 더 흥미를 가지게 됩니다.

놀이 효과

개미를 만들면서 개미의 생김새를 알 수 있어요.
아이들과 역할 놀이를 하며 개미와 친구가 되기도 하지요.
아이들의 상상력을 꺼내주세요.

❶ 준비물은 종이 달걀판, 검은색 매직, 눈알 스티커, 검은색 모루가
필요해요.

준비물
종이 달걀판, 눈알 스티커,
검은색 매직, 검은색 모루

❷ 아이들이 검은색 매직으로 종이 달걀판을 색칠하게 해주세요.

유성 매직보다 수성 매직으로 해주면 아이들 손에 묻은 펜이 잘 지워지겠죠.

❸ 눈알 스티커를 붙여 개미 눈을 표현해 주세요.

❹ 달걀판을 뒤집어서 홈을 내주고 모루를 잘 라서 개미 다리를 테이프로 붙여 주세요.

❺ 완성된 개미를 보며 아이들과 개미에 대해서 얘기해 보는 시간 을 가져보세요.   "개미야 놀자~!"

7. 수박 껍질 조형물

"커다란 수박 하나 잘 익었나. 통 통 통!!"노래를
부르며 아이들과 수박 놀이를 해 보세요.
여름 과일에는 어떤 과일이 있는지 함께 이야기
를 하면서 수박을 탐색해보세요.
수박 껍질로 작품을 만들면서 창의력이 쑥쑥 자
라나는 아이들로 키워주세요.

놀이 효과

조형물 놀이는 창의력과 소근육 발달에 아주 좋은 놀이입니다.
미적 감각도 발달되지요. 완성된 작품을 보며 만족감과 성취감을 얻을 수 있습니다.

❶ 아이들과 수박을 탐색하는 시간을 가져 보세요.
  시각, 후각, 미각, 촉각, 청각인 오감을 자극해 주세요.

준비물
수박 껍질, 이쑤시개,
스티로폼

❷ 수박을 반으로 잘라서 수박 속을 관찰하며
이야기를 나눠보세요.

❸ 수박 책을 읽어주고 활동지로 수박을 색칠
하는 활동을 하면서 흥미를 이끌어 주시면
좋아요.

❹ 수박 조형물 만들기 재료는 수박 껍질, 이쑤
시개, 스티로폼이 필요해요.

❺ 수박 껍질에 이쑤시개를 꽂아서 스티로폼에
끼워 주세요.

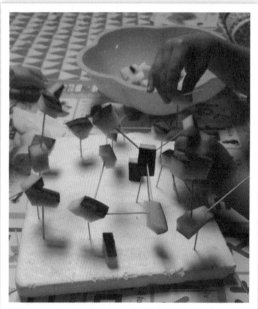

❻ 자유롭게 수박 껍질로 모양을 만들어 보세요.

❼ 아이들과 타조, 뱀, 고슴도치를 만들었어요.

❽ 수박 조형물 완성!

아이들이 만든 작품을
함께 이야기 하면서
즐거운 시간을 가져보세요.

8. 퍼즐 액자

두뇌 발달에 좋은 퍼즐 놀이를 하다 보면 한두
조각씩 퍼즐이 없어요. 청소하다 보면 집안 곳곳
에 퍼즐이 굴러다니기도 합니다.
집안에 굴러다니는 퍼즐들을 버리지 말고 모아서 퍼즐 액자를 만들어 보세요.
액자 안에 아이들 어렸을 때 사진을 붙여서 추억 속에 빠져 보세요.

놀이 효과

새로운 재료로 만들기를 하면서 미적 감각이 길러져요.
완성된 작품을 보며 만족감과 성취감을 얻을 수 있어요.

❶ 준비물은 퍼즐 조각, 빨래 집게, 두꺼운 도화지, 색연필(또는 크
레파스), 아이 사진이 필요해요.

준비물
퍼즐 조각, 두꺼운 도화지,
색연필 or 크레파스,
빨래 집게, 아이 사진

두꺼운 도화지는 동그랗게 사진처럼 오려주세요.

❷ 액자틀과 퍼즐 조각을 색칠해 주세요.

❸ 색칠한 퍼즐 조각을 액자틀에 풀로 붙여 주세요.

❹ 퍼즐 액자틀이 완성되었어요.

❺ 액자 안에 아이 사진을 넣어서 붙여주세요.

❼ 액자 다리는 빨래 집게를 꽂아주세요.

❽ 버려진 퍼즐 조각으로 액자를 만들어 잘 보이는 곳에 전시해 주세요.

9. ♬ 나비야 나비야 이리 날아오너라 ♬

따뜻한 봄. 나비를 보고 따라가는 아이를 보면 웃음이 절로 지어져요.
'나비야'노래를 부르며 아이와 조개껍데기로 나비를 함께 만들어 보세요.
나비에 대해서 함께 이야기를 하고 노래를 부르면 너무 재밌겠죠~! ^ ^

놀이 효과

그림책을 읽어주면서 나비에 알아보는 시간을 가질 수 있어요.
조개껍데기로 나비를 만들 수 있다는 생각 주머니가 쑥쑥 자라나요.

❶ 준비물은 조개껍데기, 빵 끈, 눈알 스티커, 반짝이, 물감, 붓이 필요해요.

준비물
조개껍데기, 빵 끈,
눈알 스티커, 반짝이,
물감, 붓

❷ 아이들이 조개껍데기에 물감을 칠할 수 있
도록 해주세요.

❸ 아이들이 조개껍데기에 물감을 칠한 모습!

❹ 조개껍데기에 반짝이를 뿌려주세요.
반짝이가 없으시면 pass!

❺ 빵 끈으로 감아서 나비 더듬이를 만들어주
고 눈알 스티커를 붙여 주면 조개껍데기 나
비 완성!

10. 전복껍데기 풍경 종

아이에게 전복죽을 끓여주고 껍질을 버리기가 아까워서 아이와 함께 풍경 종을 만들었어요.
버릴 것이 없는 전복의 변신! 너무 멋진 만들기 놀이감이랍니다.
만들기를 하면서 전복에 대해서 알려주고 멋지게 색칠을 하며 아이와 함께 꾸며 보세요.

놀이 효과

전복을 아이 스스로 꾸며 주면서 미적 감각이 발달되지요.
재료의 변신으로 흥미 유발과 호기심이 생겨나고 창의력 발달에 도움을 줍니다.

❶ 준비물은 전복껍데기, 물감, 낚싯줄, 종, 반짝이, 스팽글이 필요
해요.

준비물
전복껍데기, 종, 물감,
반짝이, 스팽글, 낚싯줄

❷ 아이가 전복껍데기 위에 자유롭게 물감으로 색칠하게 해주세요.

❸ 반짝이 풀과 스팽글 등 꾸미기 재료로 전복 껍데기를 꾸며 보세요.

❹ 말리기 전의 모습!

❺ 햇빛에 잘 말려주세요.

민주와 함께 하는 엄마표 놀이

❻ 풍경 종을 만들기 위해 전복껍데기 안에 종을 붙여 주세요.

❼ 전복껍데기 구멍에 낚싯줄을 달아 연결해 주었어요.

전복 풍경 종을 문에 달아주니 문이 열릴 때마다 종이 울립니다.

11. 빨대 액세서리 3종 세트

민주는 액세서리에 관심이 많아요. 빨대로 어떻게 액세서리를 만들 수 있냐며 궁금해했어요. 여자아이들이 좋아할 만한 액세서리를 함께 만들어 보세요.

목걸이, 반지, 팔찌를 만드는 내내 행복해하던 아이의 모습이 생각이 납니다.

놀이효과

빨대를 자르고 모루에 끼면서 소근육 발달과 협응력이 발달되고 집중력이 좋아져요. 또한 액세서리를 스스로 만들어 착용해 보면서 성취감과 만족감을 느낄 수 있습니다.

 재료는 모루, 색깔 빨대, 스티로폼 볼, 가위가 필요해요. 색깔 빨대를 아이가 가위로 자르게 해주세요.

준비물
모루, 색깔 빨대, 스티로폼, 볼, 가위

자르면서 이리저리 튀어나가는 빨대를 더 재밌어 해요.

❷ 모루에 빨대를 끼워주세요.

❸ 꽃 모양을 만들어 목걸이에 연결해 주세요.

❹ 팔찌도 목걸이를 만드는 방식으로 모루에
빨대를 껴주고 스티로폼 볼은 구멍을 내서
함께 끼워 주세요.

만들면서 수학적 규칙도 배울 수 있어요.

❻ 빨대 액세서리 3종 세트를 완성해서 아이
몸에 착용시켜 주세요.

❺ 반지도 손가락 사이즈에 맞게 만들어 주세
요.

스티로폼 볼은 펜으로 색칠해 주세요.

12. 아이클레이 목걸이

아이와 아이클레이로 목걸이를 만들어 보았어요. 뽀로로 친구들을 너무 좋아하는 민주는 만드는 내내 웃음이 떠나질 않았어요. 아이클레이 촉감을 느끼게 해주면서 아이와 함께 만들어 보세요.

놀이 효과

아이클레이를 만지며 촉감을 느낄 수 있고 구멍에 끈을 넣을 때 집중력이 발달 되요.

직접 만든 목걸이를 보며 만족감과 성취감을 느낄 수 있어요.

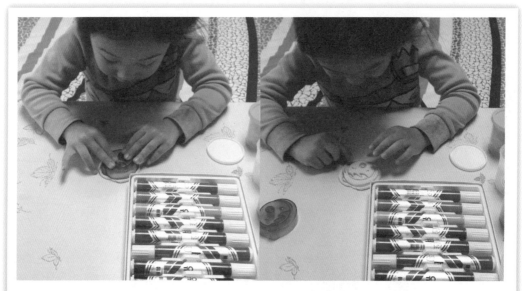

❶ 준비물은 흰색 아이클레이, 쿠키 틀, 유성 매직, 끈이 필요해요.
먼저 흰색 아이 클레이에 모양 틀을 찍어 주세요.
집에 있는 모양 틀을 사용하셔도 되요.

준비물
흰색 아이클레이, 유성 매직, 끈, 쿠키틀

❷ 아이가 유성 매직으로 아이클레이를 색칠하게 해주세요.

❸ 완성된 작품을 말려주세요.

아이클레이가 굳어야 목걸이 끈이 잘 떨어지지 않아요.

❹ 아이클레이에 구멍을 내서 끈을 껴 주세요.

❺ 민주 목에 걸어주니 민주가 너무 좋아했어요.

엄마~! 너무 예뻐요~!^^

13. CD 팽이

어릴 적 친구들과 팽이 돌리기를 하며 놀았던 기억이 나네요. 아직 어린 아이들에게 팽이 돌리기는 어려울 수 있겠죠? 쉽게 돌릴 수 있는 CD 팽이를 만들어 아이들과 누가 오래 도는지 게임을 한번 해보세요.

놀이 효과

회전 혼합이 무엇인지 알게 되고 엄마나 형제끼리 팽이 돌리기 게임을 하며 승부욕이 생기기도 합니다.

❶ 준비물은 안 쓰는 CD, 구슬, 병뚜껑, 글루건, 유성 매직이 필요해요.

준비물
CD. 구슬, 병뚜껑, 글루건, 유성 매직

❷ CD 가운데 구멍 속에 구슬을 글루건으로 붙
여주세요.

❸ CD 아래 부분엔 병뚜껑을 글루건으로 붙여
주세요.

❹ 유성 매직으로 아이들이 자유롭게 CD에 그림을 그릴 수 있도록
해주세요.

색종이나 셀로판지를
붙여도 좋습니다.

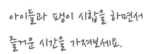
아이들과 팽이 시합을 하면서
즐거운 시간을 가져보세요.

❺ 병뚜껑을 잡고 돌려주면 CD팽이가 돌아가요.
회전하면서 색이 혼합이 되어 보여 지게 됩니다.

14. 비닐 팩 바닷속

바닷속에 어떤 생물들이 살까? 아이들과 함께 바
닷속 탐험을 떠나보세요.
간단한 비닐 팩과 물고기 스티커로 바닷속을 꾸
며 보고 바닷속에 사는 물고기에 관해 이야기를
하면서 호기심을 해결해 주세요.

놀이 효과

바닷속 물고기에 관해 이야기 하며 호기심이 해결되고
스티커 꾸미기를 통해 소근육 발달이 되지요.
비닐 팩을 흔들면서 출렁이는 바다를 느껴 보세요.

❶ 물고기 스티커와 비닐 팩을 준비해 주세요.
문구점에 다양한 물고기 스티커들이 많이 있어요.

준비물
물고기 스티커, 비닐팩,
물감, 물

민주와 함께 하는 엄마표 놀이

❷ 비닐팩 위에 아이들이 자유롭게 스티커를 붙이도록 해
주세요.

스티커를 붙이면서
물고기의 이름을 함께 이야기 해보세요.

❸ 비닐팩에 물을 넣고 파란색 물감을 넣어주세요.

바닷물이 표현되지요.

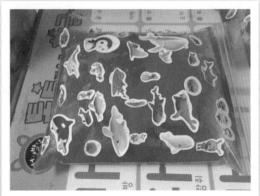

❹ 바닷속에 물고기들이 헤엄쳐 다니는 것 같
아요. 아이들과 바다탐험을 떠나보세요.

15. 비닐 닭이 꼬끼오!

비닐 장갑으로 닭을 꾸며 주면서 닭의 생김새를
아이와 함께 이야기를 해보세요.
닭 울음소리도 함께 내보고 흉내도 내보면서 놀
이를 해보세요.
닭이 나오는 동화책이나 자연관찰 책을 읽어 주면 더 좋겠죠.

놀이 효과
비닐 장갑 꾸미기를 통해 소근육 발달이 좋아지고
빨대를 불면서 폐활량이 좋아져요. 닭에 대해 재밌게 배울 수 있어요.

❶ 비닐 장갑에 닭 눈알과 벼슬을 붙이고 스티커를 붙여 주세요.

준비물
비닐 장갑, 스티커,
빨대, 테이프

공기가 빠져나가지 않게
꼼꼼히~!

❷ 빨대를 넣어서 테이프로 감아주세요.

❸ 입으로 불면 장갑이 닭 모양으로 부풀어 오릅니다.

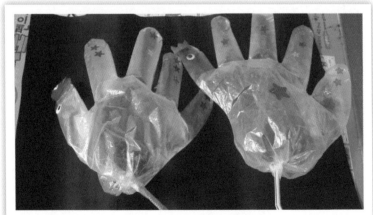

❹ 비닐 장갑 닭으로 아이들과 역할 놀이 해보세요.

16. 찰흙 연필꽂이

어릴 때 많이 했던 찰흙 연필꽂이 만들기를 아이
들과 함께 해 보았어요.
추억의 만들기 놀이지요.
흙을 손에 묻혀가며 찰흙의 촉감도 느껴보면서 연필꽂이를 만들어 보세요.

놀이 효과

찰흙을 만지며 손으로 촉감을 느낄 수 있어요.
찰흙 놀이는 아이의 상상력, 창의력, 시각, 촉각, 협응력까지 모두 기를 수 있어요.

❶ 찰흙으로 밑판을 동그랗게 만들어주고 손으로 밀어서 길게 만들
어주세요.

준비물
찰흙, 물감, 붓

❷ 밑판 위에서 돌려가며 차곡차곡 쌓아 주세
요.

❸ 아이가 물감으로 자유롭게 색칠할 수 있도
록 해주세요.

찰흙이 마르고 나서 물감을 칠하면 밀리지
않고 잘 칠해져요.

❹ 아이들의 작품을 햇빛에 잘 말려서 연필꽂
이로 사용해 보세요.

17. 사진 퍼즐

퍼즐 맞추기 놀이는 지각 능력과 창의력 발달에
아주 좋은 놀이랍니다.
그림 퍼즐이 아닌 아이들의 사진으로 퍼즐을 만
들어 보세요.
아기 때 아이 사진을 보며 함께 추억해 보고 엄마와 재밌는 퍼즐 놀이를 해보세요.

놀이 효과

퍼즐 놀이는 두뇌 발달에 도움이 되는 놀이지요.
퍼즐을 완성해 가면서 자신감과 성취감이 높아집니다.

❶ 준비물은 두꺼운 도화지, 사진, 자석, 풀, 가위가 필요해요.
　자석은 대형 문구점에 팔아요.

준비물
두꺼운 도화지, 사진,
자석, 풀, 가위

민두와 함께 하는 엄마표 놀이

❷ 두꺼운 도화지 위에 사진크기에 맞춰서 잘
라 주세요.

❸ 도화지 위에 사진을 풀로 붙여 주세요.

❹ 도화지 뒷면에 퍼즐 선을 만들어 주세요.
연령이 어릴수록 퍼즐 수를 조절해서 만들어 주세요.

❺ 가위로 퍼즐 선을 따라 잘라주고 그 위에 자
석을 붙여 주세요.

❻ 자석 칠판에서 아이가 사진 퍼즐을 맞추어
보도록 해주세요. 냉장고에서 해줘도 된답니다.

❼ 사진 퍼즐 완성!

18. 뾰족뾰족 고슴도치

고슴도치 책을 읽으며 고슴도치 가시가 얼마나 따가울지 아이는 상상을 해요.
고슴도치 생김새에 호기심이 생긴 아이와 함께 책을 읽고 이쑤시개를 이용해 고슴도치를 함께 만들어 보세요.

놀이 효과

고슴도치에 대한 호기심이 해결되지요.
찰흙을 만지며 촉감이 발달되고 역할 놀이를 통해 상상력이 풍부해집니다.

❶ 아이에게 고슴도치 책을 읽어주고 만들기 활동을 해주면 고슴도치에 대한 관심이 높아져요.

준비물
찰흙, 이쑤시개, 물감

❷ 찰흙의 감촉을 느껴보고 고슴도치 몸을 만들어 눈알 스티커를 붙여 주세요.

❸ 이쑤시개를 찰흙에 꽂아 주세요. 이쑤시개가 뾰족하니 주의!

❹ 엄마와 이쑤시개 고슴도치를 만들어 역할놀이를 해보세요.

엄마 고슴도치와 아기 고슴도치가 만나는 상황~!

미술놀이도 병행할 수 있어요.

❺ 도화지에 고슴도치 그림을 그려주고 이쑤시개에 물감을 묻혀 선을 찍어 가시를 표현해 주세요.

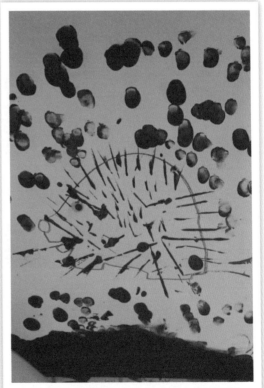

❻ 고슴도치 그림에 아이가 자유롭게 표현할 수 있도록 해주세요.

19. 호두 포장지 꽃

호두를 선물로 받았는데 포장지를 버리기가 아까웠어요. 무엇을 만들어 보면 좋을까 곰곰이 생각하다가 꽃을 좋아하는 민주와 함께 꽃을 만들어 보았어요.
호두 포장지가 예쁜 꽃으로 변신하는 놀이를 아이와 함께 해보세요.

놀이 효과

호두 포장지에 물감을 색칠하면서 미적 감각이 생겨나요.
꽃꽂이를 하며 집중력이 생기고 꽃을 보며 감정과 정서 발달에 도움이 됩니다.

❶ 재료는 호두 포장지. 이쑤시개. 키친타올 심. 물감이 필요해요.
호두 포장지대신에 흰색 한지로 하셔도 되요.

준비물
호두 포장지, 이쑤시개,
키친타올 심, 물감

❷ 호두 포장지 중간에 이쑤시개를 꽂아서 테이프로 감아주세요.

❸ 키친타월 심을 초록색으로 색칠해 주세요.

❹ 호두 포장지 꽃에 물감을 칠해 주세요

❺ 호두 포장지 꽃을 말려 주세요.

한지를 잘라서 사용하셔도 되요

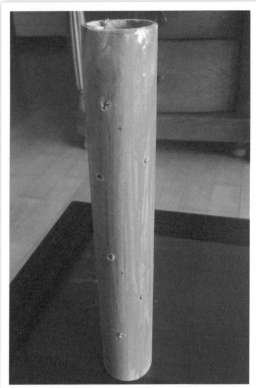

❻ 키친타올 심에 송곳으로 구멍을 내 주세요.
다칠 수 있으니 엄마가 뚫어 주세요.

❼ 아이가 호두 포장지 꽃을 구멍에 꽂으며 꽃
꽂이를 하게 해주세요.

❽ 호두 포장지 꽃 완성~!!

20. 건빵 이글루

아이들과 북극이 나오는 동화책을 읽다가 이글
루를 보게 되었어요.
"엄마! 이글루가 뭐예요?"라는 아이들 질문에 만
들기 놀이를 하며 궁금증을 해결해 주었어요.
사발면과 건빵으로 이글루를 만들면서 아이들과
역할 놀이를 해보세요.

놀이효과

북극에 대한 호기심 해결되고 관찰력이 생겨요.
역할 놀이를 통해 상상력이 풍부해집니다.

❶ 재료는 사발면, 건빵, 물감, 키친타올 심, 목공풀, 인형이 필요해
요.

준비물
사발면, 건빵, 목공풀,
키친타올 심, 인형

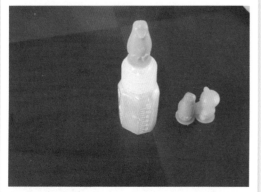

❷ 약국에서 주는 약병에 펭귄 인형을 사용했어요. 다른 인형들로 놀이하셔도 됩니다.

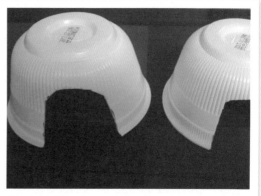

❸ 빈 사발면 앞쪽에 구멍을 내서 이글루 문을 만들어 주세요.

❹ 목공풀로 건빵을 붙여 주세요.

❺ 흰색 물감으로 건빵을 칠해주세요.

❻ 건빵으로 만든 이글루가 마르면 역할 놀이를 해 보세요.

민두와 함께 하는 엄마표 놀이

21. 도일리 페이퍼 꽃

커피나 음료수 받침대로 사용하는 도일리 페이퍼로
아이들과 꽃을 만들어 보았어요.
물감으로 도일리 페이퍼에 자유롭게 칠하면서 아이들
과 예쁜 꽃을 만들어 보세요.

놀이효과

도일리 페이퍼에 물감을 칠하면서 미적 감각을 키울
수 있어요.
스스로 만들고 꾸미는 과정에서 자신감이 향상됩니다.

❶ 준비물은 도일리 페이퍼, 초록색 빨대, 물감, 커피 용기(그림 없
  는 것), 나뭇잎 메모지(또는 색종이)색종이, 스티커, 붓

준비물
도일리 페이퍼, 커피 용기,
초록색 빨대, 물감, 붓,
스티커, 나뭇잎 메모지 or
색종이

❷ 도일리 페이페 위에 물감을 칠해 주세요.

❸ 물감이 마르면 도일리 페이퍼 중심을 잡고 사진처럼 모아서 꽃을 표현해 주세요.

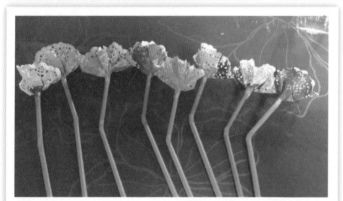

❹ 초록색 빨대에 꽃을 꽂아주고 스카치 테이프로 빠지지 않게 고정해주세요.

❺ 색종이로 나뭇잎을 만들어서 붙여주세요. 저는 나뭇잎메모지로 붙여 주었어요.

❻ 꽃을 꽂을 커피 용기를 꾸며주세요. 스티커
나 펜으로 꾸며줄 수 있어요.

❼ 화분에 도일리 페이퍼 꽃을 꽂아주면 완
성!!

22. 우유곽 연필꽂이

우유곽을 버리지 말고 빨대를 잘라서 연필꽂이
를 만들어 보세요. 재활용 우유곽이 예쁘게 변신
됩니다. 빨대를 가위로 자를 때 여기저기 튀어 나
가는 것을 더 재밌어하기도 했어요.
간단한 재료로 예쁜 나만의 연필꽂이를 만들어
보세요.

놀이 효과

소근육과 집중력 향상에 좋은 놀이예요. 스스로 만든 작품을 보며
만족감과 성취감이 생깁니다.

❶ 준비물은 우유곽, 빨대, 양면 테이프, 리본이 필요해요.

준비물
우유곽, 빨대, 리본,
양면 테이프

❷ 우유곽을 사진처럼 잘라 주세요.

❸ 우유곽에 양면 테이프를 붙이고 빨대를 잘라서 붙여 주세요.

❹ 리본을 글루건으로 붙이면 우유곽 연필꽂이 완성~~ᄼᄼ

2부
엄마표 미술 놀이

미술 놀이를 하면서 아이들은 생각을 자유롭게 표현하는 힘이 생겨요. 아이들이 생각하면서 그린 그림을 통해 아이가 어떤 생각을 하고 있는지 알 수 있지요.

미술 놀이를 통해서 창의력과 상상력이 샘솟게 되고 정서 능력이 증진 됩니다. 또한 엄마와 그림을 그리면서 소통을 하고 공감대 형성을 하게 되지요.

미술 도구를 가지고 그림을 그리면서 소근육 발달에도 도움이 되고 물감에 거부감이 있던 아이도 엄마와 함께 물감을 접하게 되면서 거부감도 서서히 줄어들고 미술을 즐기는 아이가 됩니다.

아이와 함께 미술로 행복한 시간을 보내보세요.^^

1. 바닷속 꾸미기

푸른 바다를 보며 바닷속에는 어떤 생물들이 살고 있을까? 아이들이 궁금해 하죠.
아이들과 과자와 멸치. 새우. 다시마. 조개로 바닷속을 꾸며보세요.
바다 생물에 관해서 이야기를 하고 책을 읽어 주며 더 재밌어합니다.

놀이 효과

바닷속을 상상하고 표현을 할 수 있는 상상력이 풍부해져요.
다양한 재료로 바다를 꾸밀 수 있다는 경험을 하게 됩니다.

❶ 준비물은 미역, 조개, 새우, 멸치, 물고기 과자, 물감이 필요해요.
집에 바닷속을 표현할 재료가 있으면 아무거나 상관없어요.

준비물
물고기 과자, 멸치, 새우,
미역, 조개, 물감

❷ 도화지에 물감으로 푸른 바다를 표현해 주 세요.

❸ 목공풀로 재료들을 자유롭게 붙이면서 바다 를 표현해 주세요.

❹ 아이들과 완성된 작품을 보며 바닷속 이야기를 나눠보세요.

2. 뽀글뽀글 라면 머리

아이가 엄마의 뽀글뽀글 파마머리를 보며 라면 같다고 했어요. 그래서 라면으로 파마머리를 표현해 보고 오감 놀이를 하며 아이와 뽀글뽀글한 머리를 표현해 보았어요.

부드러운 라면을 만지면서 아이와 뽀글뽀글한 머리를 표현해 보는 시간을 가져보세요.

놀이 효과

라면을 손으로 만지면서 촉감이 자극되고

라면으로 머리카락을 표현할 수 있는 창의력이 생깁니다.

❶ 라면과 물감을 준비해 주세요.

　　　저렴한 라면이면 더 좋겠죠.

준비물

생 라면, 물감

❷ 생 라면과 삶은 라면을 만져보며 촉감을 느
끼게 해주세요.
삶은 라면을 통 안에 넣어 주세요.

❸ 물감을 라면에 넣어주세요.

❹ 라면을 조물조물 하며 라면의 촉감을 느끼
게 해주세요.

❺ 종이에 엄마 얼굴을 그려주고 머리 부분에
라면을 올려주세요.
멋진 파마머리가 완성됩니다.

3. 면으로 스타일 변신

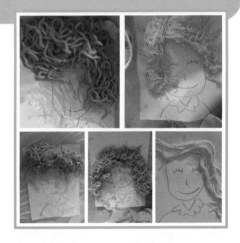

집에 있는 여러 가지 면들을 보여주니 "엄마~ 이건 무슨 면이에요?" 라고 이름을 물어봤어요. 면들을 삶아서 맛을 느껴보도록 해주면서 이름들을 알려 주었어요. 탐색이 끝나고 물감을 섞어서 머리카락을 표현해 보았어요. 다양한 머리 스타일을 연출 할 수 있는 면 놀이를 아이들과 함께 해보세요.

놀이 효과

오감이 자극되고 라면으로 머리카락을 표현할 수 있어 창의력 발달에 도움이 됩니다. 아이가 스타일리스트가 되어 마음껏 머리카락을 표현할 수 있도록 해주세요.

❶ 라면, 우동, 스파게티, 국수, 당면을 준비해 주세요.

준비물
면 종류, 물감, 도화지

❷ 아이들과 면을 탐색해 보고 어떤 면인지 이름을 맞혀 보도록 해보세요.

❸ 면들을 맛보게 해주세요.

"맛이 어때? 어떤 맛이 나니?"

❹ 탐색이 끝나면 면들을 삶아주세요.

❺ 삶은 면들도 하나하나 맛보게 해주세요.
삶기 전과 후 맛의 느낌을 이야기 해보세요.

❻ 면에 물감을 넣고 조물조물 묻혀 주세요.

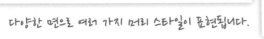

다양한 면으로 여러 가지 머리 스타일이 표현됩니다.

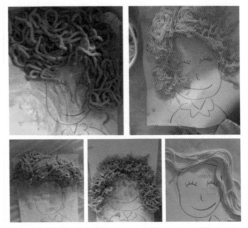

❼ 도화지에 사람얼굴을 그리고 각 면들을 올려서 머리카락을 표현해 보세요.

4. 손도장 나무

규형이와 민주는 온몸에 물감을 묻혀서 노는 놀이를 좋아
해요. 물감의 거부감이 없어지게 된 이유는 마음껏 자유롭
게 놀이를 한 뒤부터였어요.
손바닥에 물감을 묻혀서 찍기 놀이를 해 보세요. 멋진 손도
장 나무가 완성됩니다.

놀이 효과

자유로운 미술놀이를 통해 자신감이 높아지고 창의성이 향상됩니다.
또한 함께 손바닥 나무를 표현하면서 협동심과 우애도 깊어져요.

❶ 접시에 여러 가지 물감을 준비해 주세요.

준비물
물감, 일회용 접시, 전지

❷ 아이가 손바닥에 물감을 묻히도록 해주세요.

물감의 축축한 느낌을 느낄 수 있겠죠.

❸ 전지에 나무 그림을 그리고 그 위에 손바닥을 찍어 주세요.

❹ 아이들이 손바닥을 찍으며 놀고 난 후 빈 공간에 자유롭게 그림을 그릴 수 있게 해주세요.

5. 꾹꾹 손지문 찍기

스탬프에 꾹꾹 손지문을 찍어 다양한 그림을 그려보세요.
아이들은 지문 찍기를 통해서 동물과 사물을 연상하며 표현할 수 있어요.
아이들의 상상력이 쑥쑥 자라는 놀이입니다.

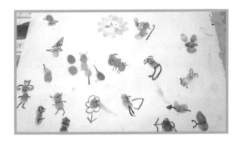

놀이 효과

손도장을 찍고 그림을 그리면서 아이들의 창의력이 향상돼요.
동물과 식물 등을 상상하며 그리면서 표현력이 좋아지고 상상력이 풍부해집니다.

❶ 색깔 스탬프에 손가락 지문을 찍어주세요.

준비물
스탬프, 도화지, 색연필

❷ 도화지에 손지문 도장을 찍어주세요.

❸ 찍은 지문 모양에 색연필로 동물과 식물 등을 자유롭게 그려 보세요.

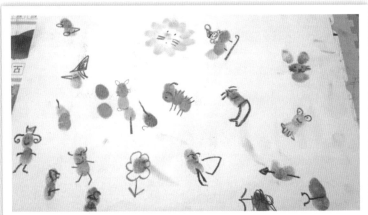

❹ 지문으로 그린 그림을 보며 아이와 이야기를 나눠보세요.^^

6. 수묵화 그리기 1

옛날 사람들은 도화지 대신 화선지를 사용하고 색연필 대신 먹물을 사용했다고 얘기를 해주었어요. 처음 보는 재료에 호기심이 생겨 놀이를 적극적으로 해주었어요.
색다른 재료와 함께 아이와 즐거운 미술놀이를 해보세요. 아이들의 호기심을 자극시켜 주세요.

놀이 효과

붓으로 그림을 그리고 색 한지를 물들이면서 미적 감각이 발달되고 먹물과 붓으로도 그림을 그릴 수 있다는 것을 배우게 됩니다.

❶ 준비물은 화선지, 먹물, 색한지, 붓이 필요해요.

준비물
화선지, 먹물, 붓, 색한지

엄마표 미술 놀이

❷ 화선지에 아이가 자유롭게 그림을 그릴 수 있도록 해주세요.

❸ 색한지를 잘라서 화선지에 올려주고 그 위에 물을 발라주세요.

❹ 색한지가 화선지에 물이 들면 손으로 떼어주세요.

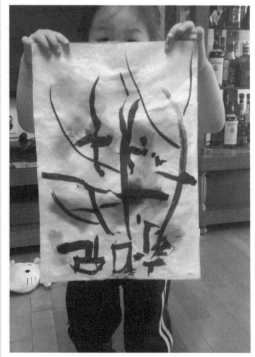

❺ 색한지가 화선지에 예쁘게 물든 예쁜 수묵화가 완성되었어요.

7. 수묵화 그리기 2

먹물을 떨어뜨려서 빨대로 불면 이리저리 먹물이
움직여요. 그리고 빨대에 물감을 찍어주면 꽃이 표
현이 됩니다. 먹물과 물감의 만남으로 멋진 수묵화
를 아이와 함께 표현해 보세요.

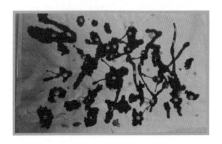

놀이 효과

빨대로 먹물을 불면서 폐활량이 좋아지고 집중력이 향상됩니다.
또한 꽃을 표현하면서 미적 감각이 발달하기도 합니다.

❶ 화선지에 물감을 떨어뜨린 후 빨대로 먹물
을 불어주세요.

준비물
화선지, 먹물, 빨대

입심이 약한 연령의 아이는 엄마가 도와주세요.

❷ 빨대 끝에 물감을 묻혀서 화선지에 자유롭
게 찍어주세요.

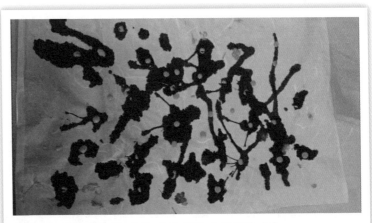

❸ 꽃이 핀 것처럼 한 폭의 멋진 작품이 완성됩니다.

8. 삐악 삐악 병아리

달걀을 좋아하는 아이들과 달걀을 깨서 만져 보고 관찰하며 놀아보았어요. 달걀에서 병아리가 나온다는 사실에 아이들은 호기심이 가득해 집니다. 아이들과 달걀 하나로 오감 미술 놀이를 하며 즐거운 시간을 가져 보세요.

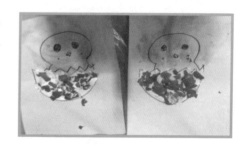

놀이 효과

달걀을 깨서 손으로 만지면 촉감이 자극됩니다.
또한 달걀 껍데기를 하나하나 붙이면서 소근육 발달과
집중력이 향상에도 도움이 됩니다.

❶ 준비물은 병아리가 알에서 나온 그림과 달걀이 필요해요.
엄마가 무슨 놀이를 할까 눈을 크게 뜨고 보고 있네요.

준비물
달걀 노른자, 달걀 껍데기,
목공풀, 병아리 그림

❷ 달걀 노른자를 손으로 문질러서 병아리를
칠해 주세요.
미끌미끌 노른자의 느낌을 아이들과 이야
기 해보세요.

❸ 달걀 껍데기를 부숴서 달걀 그림에 목공풀
로 붙여주세요.

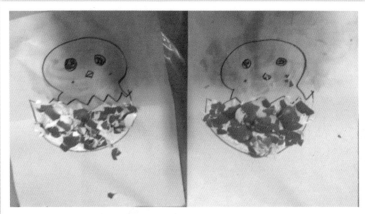

❹ 달걀에서 막 나온 병아리 완성!

9. 소금 그림

물감으로 바다를 색칠하고 마르기 전에 소금을
솔솔 뿌리면 소금이 물감에 스며들어요.
아이들에게 바닷물이 소금물이라는 것을 알려주
고 소금 맛도 느껴보면서 재밌는 미술 놀이를 해
보세요.

놀이 효과

소금 기법을 이용한 미술 놀이는 아이들의 호기심을 자극하고
소금의 모양을 관찰할 수 있습니다.

❶ 도화지에 아이들이 자유롭게 바다 그림을 그리게 해주세요.

준비물
물감, 붓, 도화지, 소금

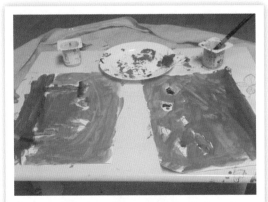

❷ 바다를 파란색 물감으로 전부 칠해 주세요.

❸ 물감이 마르기 전에 굵은 소금을 골고루 뿌려 주세요.

❹ 소금이 물감에 스며들면서 나타나는 모양을 관찰하고 햇빛에 말려 주면 소금 그림 완성!^^

10. 상어 가족

♬아기 상어 뚜루루 뚜루 귀여운 뚜루루 뚜루♬
아이가 좋아하는 상어 가족 노래를 부르며 바닷
속을 꾸며 보았어요. 다양한 재료로 바닷속을 꾸
며 보세요.
바닷속에 사는 생물들의 이름도 알 수 있는 놀이 시간이 됩니다.

놀이 효과

다양한 재료로 바닷속을 표현할 수 있다는 경험을 하게 되고
바닷속을 표현하면서 상상력과 창의력이 향상되어 집니다.

❶ 도화지에 상어 가족을 그려 주세요.

준비물
도화지, 멸치, 미역, 조개, 물감, 분무기

엄마표 미술 놀이

❷ 아이가 상어 가족을 색칠하게 하고 멸치, 새우, 조개, 미역을 목공풀로 붙여서 바닷속을 꾸며주세요.

❸ 작은 눈알을 붙여서 살아 있는 느낌을 연출해 보세요.

❹ 분무기에 파란색 물감과 물을 섞어서 그림에 분사해 주세요.

바닷물이 흐르는 것처럼 표현이 됩니다.

❺ 바닷속 상어 가족 완성!!

11. 주륵주륵 비 오는 날

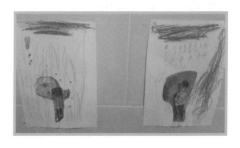

어릴 때 비가 오면 우산 없이 밖에서 뛰어 놀았
어요. 그런데 지금은 공기 오염으로 깨끗하지 않
은 비 때문에 아이들과 온몸으로 비를 맞을 수
없어서 아쉽기만 해요.
그래서 비 오는 날 아이들과 실내에서 우산을 가지고 놀았어요. 욕실에서 샤워기를 틀고
비 오는 날 함께 느껴보고 놀아보세요.

놀이 효과

분무기를 뿌려 비를 표현하면서 표현력이 길러지고
우산에 그림을 그리면서 미적 표현력이 향상되어 집니다.

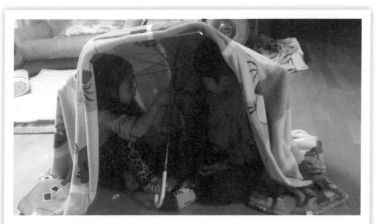

❶ 비 오는 날 아이들과 우산 집을 만들어 놀아보세요.

준비물
투명 우산, 수성 매직,
스티커, 크레파스, 물감,
분무기

엄마표 미술 놀이

❷ 투명 우산 위에 매직과 스티커로 자유롭게
   꾸미기를 해보세요.
   수성 매직을 사용하면 지우고 다시 그리기
   를 반복할 수 있어요.

❸ 도화지에 아이들이 우산 쓴 사진을 프린트
   해서 붙여주고 크레파스로 비를 그리게 해
   주세요.

❹ 분무기에 파란색 물감과 물을 섞어서 그림
   에 분사해주세요.

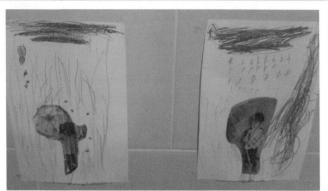

❺ 비가 주룩주룩 내리는 것 같아요.

12. 보글보글 비누 거품

아이들은 비눗방울 놀이를 좋아해요. 민주도 비
눗방울 놀이와 거품 놀이를 너무 좋아한답니다.
빨대로 불어 보글보글 거품들이 나오면 소리를
지르며 놀이를 적극적으로 참여 해 주었어요.
보글보글 소리에 아이가 더 재미를 느끼는 것 같아요.

놀이 효과

아이가 물감을 섞는 과정에서 색을 탐색하는 기회가 생겨요.
또한 거품으로 거북이를 표현할 수 있다는 창의력이 생깁니다.

❶ 종이컵에 물을 담고 세제를 조금씩 넣어주세요.

준비물
물감, 주방세제, 빨대,
도화지, 크레파스,
눈알 스티커

❷ 물감을 넣고 잘 섞어주세요.
준비과정을 아이가 스스로 할 수 있도록 해주세요.

❸ 종이컵 밑에 도화지를 깔고 입으로 불어 거품을 만들어 주세요.
연령이 낮은 아이들은 삼킬 수 있으니 주의해 주세요.

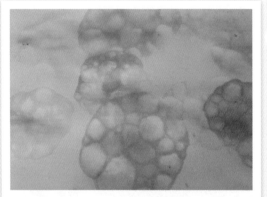

❹ 색깔 거품들이 저절로 터지도록 해주세요. 그대로 햇빛에 잘 말리면 거품 모양이 생깁니다.

❺ 거북이 등딱지 모양 같아서 아이와 거북이를 그려보았어요.

❻ 거북이가 나오는 동화책을 읽어주고 놀이해주면 더 재미있어요.

13. 색 모래 놀이

아이들과 놀이터에서 모래 놀이 많이 하시죠? 모래로 미술놀이를 하면 재미가 두 배가 됩니다.
색모래를 보며 예쁘다고 소리치는 아이가 생각
나네요. 어떤 그림이 나올까 호기심 가득해져요. 예쁜 모래로 아이와 색 모래 그림과 글씨를 써 보세요.

놀이 효과

손으로 모래를 솔솔 뿌려주면 집중력이 향상되고 모래의 촉감을 느낄 수 있어요.
또한 숨겨진 그림과 글씨가 나타나면서 호기심이 해결됩니다.
그림편지를 쓰면 아이와 정서적인 교감도 할 수 있어요.

❶ 아이스크림 그림이 있는 활동지에 물풀을 칠해 주세요. *다른 그림으로 하셔도 됩니다.*

❷ 색 모래를 손으로 솔솔 뿌려 그림을 완성해 주세요.

준비물: 색 모래, 물풀, 검은색 도화지

엄마표 미술 놀이

❸ 검은색 도화지에 물풀로 아이가 그리고 싶
은 그림이나 글씨를 쓰게 해주세요.

❹ 색 모래를 솔솔 뿌려주세요.

❺ 연령이 어린 아이들은 엄마가 그림이나 글씨를 써주고 아이에게
색 모래를 뿌려보게 해보세요

14. 몬드리안 기법 그림

몬드리안 기법 놀이는 기하학적 추상의 대표 화가인 몬드리안의 그림을 모방한 미술놀이예요. 아이들과 마스킹 테이프로 선과 면을 표현해 보고 자유롭게 색을 칠하면서 미적 감각을 키워 주세요.

놀이 효과

선과 면에 대해 알 수 있고 색을 자유롭게 표현할 수 있어서 미적 표현력에 도움이 됩니다.

❶ 도화지에 마스킹 테이프를 자유롭게 붙이도록 해주세요.

준비물
도화지, 마스킹 테이프, 물감, 붓

❷ 마스킹 테이프를 붙이지 않은 곳에 물감을 칠해 주세요.

❸ 마스킹 테이프를 살살 떼어주면
   몬드리안 기법 그림 완성!

15. 물감 먹은 휴지

휴지에 물감을 떨어뜨리는 번지기 기법으로 미술 놀이를 해보세요.
물감이 번지는 모습을 보며 "와!~ 엄마 너무 예뻐요~!"라고 아이가 말해주었어요.
휴지 하나로 멋진 미술 작품을 만들어 보세요.

놀이 효과

물감이 번지는 모양을 관찰할 수 있고 관찰력과 집중력이 좋아져요.
또한 알록달록 휴지를 보며 시각, 미적 감각이 생깁니다.

❶ 붓에 물감을 적신 뒤 휴지에 찍어주세요.
물감이 휴지에 번지는 현상을 아이와 함께 관찰해 보세요.

준비물
물감, 붓, 휴지

엄마표 미술 놀이

❷ 손으로도 찍어서 표현해 보세요.

❸ 햇빛에 잘 말려주세요.

❹ 번지기 기법을 이용한 휴지 그림 완성!

16. 달걀 폭탄

달걀을 먹고 남은 껍데기를 버리지 않고 구멍을
내서 모아 두었어요.
도깨비와 귀신을 무서워하는 아이들이 놀이를
통해 극복할 수 있는 놀이입니다. 또한 아이들의
스트레스도 함께 날려 보낼 수 있어요.

놀이 효과

도깨비나 귀신에 대한 두려움을 극복할 수 있으며 스트레스를 해소할 수 있어요.
신체활동 놀이와 미술 활동 놀이를 함께 할 수 있는 놀이입니다.

❶ 준비물은 달걀 껍데기, 뿅뿅이(또는 휴지), 물감, 물이 필요해요.
   달걀은 윗부분을 젓가락으로 톡톡 때려서 구멍을 내주세요.

준비물
달걀 껍데기, 물감,
뿅뿅이 or 휴지

❷ 종이컵에 물감물을 준비해 주세요.

❸ 구멍이 뚫린 달걀 껍데기에 물감물을 넣어 주세요.

❹ 뽕뽕이나 휴지를 잘라서 구멍을 막아주세요.

❺ 욕실 벽에 도깨비나 귀신 그림을 그려서 붙여주고 달걀 폭탄을 던져 주세요.

17. 가루야 가루야

밀가루 놀이를 집에서도 매트를 깔고 해줄 수 있어요.

하얀 눈이 쌓인 것 같은 밀가루 눈 위에서 그림을 그려 보세요. 온몸의 밀가루를 뒤집어쓰며 오감 놀이를 해보고 다양한 밀가루 놀이를 경험해보세요.

놀이 효과

밀가루를 만지면 오감이 자극되고 밀가루 위에 그림을 그리면서

창의적인 생각이 자라나요. 또한 역할 놀이를 통해 상상력도 키워 집니다.

❶ 아이가 밀가루를 손으로 만지며 촉감을 느껴볼 수 있도록 해주세요. *밀가루의 부드러운 감촉을 느끼고 있어요.*

준비물

밀가루, 나무막대,
검은색 도화지, 물풀

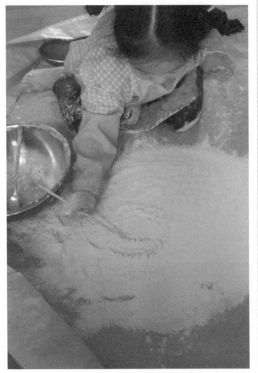

❷ 밀가루를 하얀 도화지로 생각하고 그 위에
그림을 그려보게 해주세요.

❸ 밀가루 위에 막대를 꽂아서 엄마와 밀가루
가져가기 놀이도 해주세요.

❹ 검은색 도화지나 보드 위에 물풀로 그림이
나 글씨를 써주세요.
아이에게 그림을 그려보게 해주세요.

어릴 때 흙으로 했던 놀이를
밀가루로 할 수 있는 놀이랍니다.

❺ 밀가루를 위에 뿌려주고 털어주면 그림과
글씨가 나타나요.

❻ 마지막으로 아이가 좋아하는 인형으로 역할
놀이를 하며 밀가루 놀이를 즐겨 보세요.

18. 화장 놀이

엄마가 화장대에 앉아서 화장 하면 옆에서 호기심 가득한 눈으로 바라봐요.
직접 엄마에게 화장을 해주고 싶어 하는 아이와 실랑이를 벌 인적도 있었어요.
그런 아이를 위해 화장 미술 놀이를 하며 호기심을 해결해 주세요.

놀이 효과

화장품으로 엄마를 화장해 주면서 아이의 호기심이 충족되고 미적 감각이 향상됩니다.
또한 화장을 해줄 수 있다는 자신감과 만족감을 느낄 수 있어요.

❶ 종이에 엄마를 그려주세요.

준비물
엄마 그림, 화장품, 크레파스

❷ 엄마 화장품으로 눈썹도 그리고 볼터치도 해주세요.

❸ 립스틱으로 입술을 발라주세요.

❹ 화장 놀이가 끝나고 나머지 부분은 크레파스로 색칠해 주세요.

❻ 엄마 꾸미기 완성!

❺ 엄마 얼굴을 가위로 오려주세요.

엄마를 예쁘게 화장시켜주고 색칠해 줘서 고마워!

19. 뽁뽁이 옥수수

옥수수를 좋아하는 민주와 옥수수 책을 읽으며 옥수수를
표현해 보았어요. 옥수수 모양과 비슷한 뽁뽁이를 가지고
재밌는 미술 활동을 해보세요.

놀이 효과

옥수수에 대해서 재밌게 배울 수 있어요,

색다른 재료로 옥수수를 표현할 수 있어서 창의력 발달에

도움을 주고 공간에 자유롭게 그림을 그리면서 상상력이 발달됩니다.

❶ 놀이를 시작하기 전에 옥수수 책을 먼저 읽어주세요.

놀이의 호기심을 자극해 줍니다.

준비물

전지 또는 도화지,
뽁뽁이, 물감

❷ 전지나 도화지에 옥수수 줄기를 그려주고
아이가 물감으로 색칠을 하게 해주세요.

❸ 뽁뽁이를 옥수수 모양으로 잘라서 노란색
물감을 칠해 주세요. 물감에 물을 많이 섞으
면 예쁘게 찍히지 않으니 물을 아주 조금 넣
고 물감을 칠해주세요.

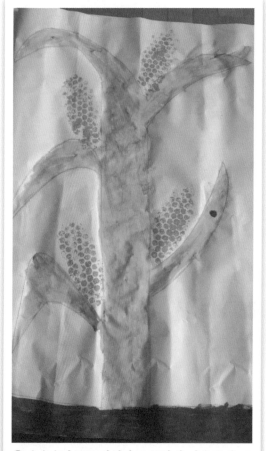

❺ 옥수수나무를 완성하고 공간에 자유롭게 그
림을 그리거나 색칠을 해주세요.

❹ 뽁뽁이를 누른 후 떼어주세요.

엄마표 미술 놀이

20. 라이스페이퍼 놀이

월남쌈 재료인 라이스페이퍼로 아이들과 함께 놀아보세요. 쌀로 만든 종이라고 해 주니 신기하다고 만져보고 먹어보기도 했어요. 라이스페이퍼 위에 그림도 그려보고 물로 적셔서 손의 감촉도 느껴 보게 해주세요. 흐물흐물한 라이스페이퍼를 만지면서 즐거워해요.

놀이 효과

라이스페이퍼가 무엇인지 알게 되고

라이스페이퍼에 그림을 그리며 창의력이 향상됩니다.

물에 담근 라이스페이퍼를 조물조물 만지며 오감놀이를 할 수 있어요.

❶ 라이스페이퍼 위에 유성 매직으로 그림을 그려주세요.
  수성 매직은 물에 넣으면 지워져요.

준비물
라이스페이퍼, 유성매직

❷ 자유 그림을 그리고 색칠도 해주세요.

❸ 라이스페이퍼를 물을 담가 촉감을 느껴보게 해주세요.
부드러워진 라이스페이퍼의 물기를 제거해 주세요. 손으로 살짝 짜주시면 됩니다.

❹ 창문에 라이스페이퍼 그림을 붙여주세요.

❺ 예쁜 라이스페이퍼 작품이 완성되었어요.

❻ 라이스페이퍼를 물에 담가 얼굴에 붙여주면 라이스페이퍼 팩이 되기도 해요.

21. 파프리카 꽃

파프리카를 잘 먹지 않는 아이에게 놀이를 통해
음식에 대한 거부감이 생기지 않도록 해주세요.
파프리카를 탐색하고 관찰한 뒤 물감을 찍어 꽃
을 표현해 보세요.

놀이 효과

재료 탐색을 하며 음식의 거부감이 사라지고
파프리카로 꽃을 표현할 수 있어서 창의력이 발달됩니다.

❶ 아이가 파프리카를 잘라서 탐색할 수 있게
해주세요.
빵 칼로 직접 자르고 파프리카 단면을 관찰
해 보세요.

❷ 파프리카 주스도 함께 만들어 보세요.
물과 꿀을 넣어 아이가 직접 주스를 만들어
볼 수 있게 해주세요.

준비물
도화지, 파프리카, 빵칼

❸ 파프리카 주스를 먹어보고 어떤 맛이 나는지 향은 어떤지 함께 이야기해보세요.

❹ 파프리카 단면에 물감을 묻혀서 전지에 찍어주세요.

❺ 파프리카 꽃에 줄기와 잎을 아이와 함께 그려보세요.

❻ 파프리카 꽃 완성.

엄마표 미술 놀이

22. 마블링 우주

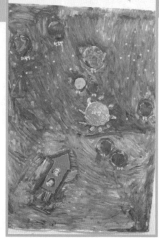

"엄마! 우주는 어떻게 생겼어요?" 아이들이 우주에 대해 호기심이 생기기 시작했어요. 쉽고 재밌게 미술 놀이를 하며 행성에 대해서 알려주세요.
마블링 물감으로 행성을 표현해보고 우주를 표현해 보세요.

놀이 효과

우주에 대한 호기심을 해결해 주고 우주 행성에 대해서
재밌게 배울 수 있어요. 로켓을 타고 우주여행을 떠나면서 상상의 날개를 펴 주세요.
아이들의 상상력이 자라납니다.

❶ 물에 마블링 물감을 섞어주세요.
　 문구점에 가면 마블링 물감을 살 수 있어요.

준비물
마블링 물감, 도화지,
물감, 스티커, 아이 사진

❷ 흰 도화지를 행성 크기에 맞게 동그랗게 자른 다음 마블링 물감에 담가 주세요.

❸ 마블링 물감을 묻힌 종이들을 햇빛에 잘 말려주세요.

❹ 태양을 아이가 색칠해주고 수성, 금성, 지구, 화성, 목성, 토성, 천왕성, 해왕성 순으로 전지에 붙여 주세요.

❺ 색종이로 로켓도 함께 만들어 붙여주세요.

엄마표 미술 놀이

❻ 검은색 물감으로 우주를 색칠해 주세요.
검은색 도화지 위에 하셔도 됩니다.

❼ 별 스티커를 붙여서 우주를 꾸며 주세요.

❽ 로켓에 아이 사진을 붙여주고 함께 상상의
우주여행을 떠나 보세요.

23. 손바닥 그림

손에 물감이 묻는 것이 싫었던 아이가 손바닥 찍기 놀이를 하면서 물감에 대한 거부감이 없어지기 시작했어요. 점점 미술에 대한 자신감이 생기기 시작했어요. 아이가 자유롭게 물감을 손에 묻히며 놀 수 있도록 도와주세요.

놀이 효과

손바닥 찍기 하나로 나뭇잎과 동물의 깃털을 표현할 수 있어 창의력이 향상됩니다. 스스로 그림을 색칠하고 완성하면서 자신감과 성취감을 느낄 수 있어요.

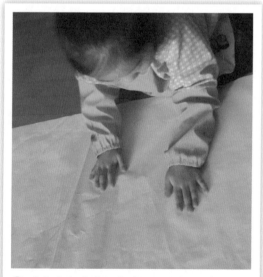

❶ 전지에 손바닥을 올려놓고 손을 그려 나무 줄기를 표현해 주세요.

준비물
전지, 물감, 크레파스

❷ 아이가 나무를 스스로 색칠할 수 있도록 해
주세요.

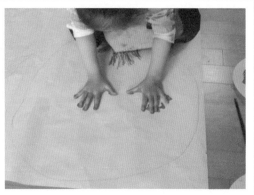

❸ 손바닥에 물감을 묻혀서 나무에 찍어주세
요. 손바닥 나뭇잎을 표현해 주세요.

❹ 공작새 몸을 그려서 색칠하고 손바닥을 찍
어 날개를 표현해 주세요.

❺ 닭 깃털도 찍어서 표현해주세요.

손바닥 찍기 그림 완성!^^

24. 병뚜껑 사과나무

병뚜껑으로 사과나무를 만들어 보았어요. 아이들이 병뚜껑이 사과 같다는 표현을 하며 재밌는 미술 놀이를 했어요. 병뚜껑을 버리지 말고 아이들과 병뚜껑 사과나무를 만들어 보세요.

놀이 효과

버려지는 병뚜껑으로 사과를 표현할 수 있어서 창의력에 도움을 준답니다. 남매가 함께 색칠을 하고 나무를 꾸며 주면서 협동심과 우애가 생기고 작품을 완성하면서 성취감도 생깁니다.

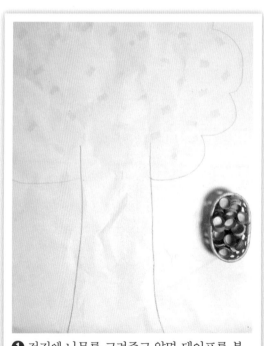

❶ 전지에 나무를 그려주고 양면 테이프를 붙여 주세요.

준비물
전지, 병뚜껑, 물감, 양면 테이프

❷ 모아둔 병뚜껑을 붙여주세요.

❸ 아이들이 나무를 자유롭게 색칠 할 수 있도록 해주세요.
나무를 먼저 색칠을 하고 병뚜껑을 붙여도 되겠죠~^^

❹ 병뚜껑 안에 사과색깔인 빨간색 물감을 칠해주세요.

❺ 병뚜껑 사과나무가 완성되었어요. 전지에 자유롭게 그림을 그릴 수 있도록 해주세요.

25. 병뚜껑 그림&병뚜껑 까기

음료수 병뚜껑을 버리지 말고 아이들과 놀이를
해보세요.
아이가 병뚜껑으로 글자를 만들고 애벌레를 표
현하면서 창의적인 생각을 하게 됩니다.
병뚜껑 까기 놀이는 아이들이 시간 가는 줄 모르
고 신나게 놀 수 있는 놀이입니다. 아이들과 병뚜
껑 하나로 즐거운 시간을 가져 보세요.

놀이 효과

병뚜껑으로 글자나 사물을 표현하면서 창의력이 쑥쑥 자라나요.
소근육 발달에도 도움이 됩니다.
병뚜껑 까기 놀이를 통해서 승부욕이 생기고 게임의 규칙을 배울 수 있어요.

❶ 음료수 병뚜껑으로 아이가 자유롭게 표현할
   수 있도록 해주세요.

준비물
병뚜껑, 도화지, 눈알 스티커, 크레파스, 색종이

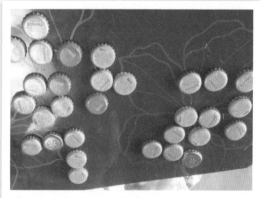

❷ 숫자나 글자를 표현하는 놀이를 해보세요.

규형이는 학교라는 글자를 병뚜껑으로
표현했어요.

❸ 눈 스티커를 붙여서 생동감을 살려 주세요.
"병뚜껑으로 무엇을 표현해 볼까?"라고
물어보니 애벌레를 표현해 주었어요.

❻ 빈 공간에 자유롭게 그림을 그릴 수 있도록
해주세요.   병뚜껑 그림 완성!

❹ 병뚜껑으로 꽃도 표현해 보세요.

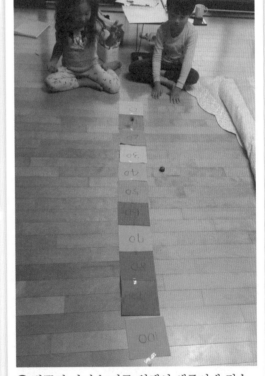

❺ 도화지 위에 병뚜껑으로 단풍나무, 꽃, 애벌
레를 표현해보세요.
붙이지 않고 도화지 위에 올려서 표현해 보
세요.

❼ 병뚜껑 까기 놀이를 위해서 색종이에 점수
를 써서 바닥에 붙여 주세요.
손가락으로 병뚜껑을 쳐서 멈춘 지점의 점
수를 획득하는 게임입니다.
손가락으로 칠 수 없으면 색연필로 칠 수
있어요.

3부
엄마표 계절&자연 놀이

계절 놀이는 아이들이 온몸으로 사계절을 느낄 수 있는 놀이지요.
따뜻한 봄에는 꽃들이 피어나고 나비가 날아다니는 모습을 보면서
아이들의 감성이 풍부해져요. 꽃 왕관과 꽃 목걸이를 만들면서 자연
의 아름다움을 맘껏 느낄 수 있답니다.

여름엔 물풍선을 터트리며 신체 놀이를 즐길 수 있고 가을에는 알록
달록 단풍을 보며 색의 아름다움을 눈에 담아낼 수 있습니다. 엄마와
낙엽을 밟으며 가을을 느끼고 주변 자연을 탐색하면서 가을 놀이를
즐길 수 있지요. 겨울에는 크리스마스 놀이를 하며 산타할아버지를
기다리는 순수한 아이들의 모습을 보게 됩니다. 펑펑 눈이 오는 날에
는 손이 꽁꽁 얼어도 모를 정도로 신이 난 아이들을 보게 되지요. 계
절이 바뀌 듯 아이들의 계절 놀이를 다양하게 해줄 수 있습니다. 아
이들은 자연과 함께 놀 때 행복해 보이고 사랑스러워 보입니다.

1. 개나리 목걸이

따뜻한 봄이 되면 개나리꽃이 생각이 납니다.
개나리꽃으로 아이와 함께 목걸이를 만들어 보
세요. 이 세상에 하나뿐인 개나리꽃 목걸이가 됩
니다.
봄꽃에 대한 이야기도 함께 나누며 아이와 함께
봄을 느껴 보세요.

놀이 효과

개나리꽃 구멍에 낚싯줄을 넣으면 집중력과 소근육 발달이 됩니다.
개나리꽃과 봄꽃에 대해서도 알 수 있어요. 자연을 느낄 수 있는 놀이입니다.

❶ 개나리꽃을 준비해 주세요.

준비물
개나리꽃, 낚싯줄

❷ 개나리꽃 가운데 구멍이 있어요.

❸ 낚싯줄로 아이가 구멍에 끼울 수 있도록 해
　주세요.

❹ 개나리꽃 목걸이 완성!

2. 벚꽃 왕관

봄이 되면 눈꽃처럼 날리는 벚꽃이 너무 예뻐요. 아이와 벚꽃 구경을 하면서 예쁜 왕관을
만들어 보세요. 왕관을 쓰고 공주가 된 것처럼 좋아했던 아이 모습이 생각이 나네요.
이 세상에 하나밖에 없는 나만의 왕관을 만들어 보세요.

놀이 효과

봄에 피는 꽃을 알게 되고 꽃잎을 붙이면서 소근육 발달에 도움을 줍니다.
왕과 공주 역할 놀이로 상상력이 풍부해져요.

❶ 봄에 피는 벚꽃과 봄꽃들을 준비해 주세요.
　 도화지로 왕관을 만들어 주세요.

준비물
꽃잎, 도화지, 양면 테이프

❷ 종이 왕관의 양면 테이프를 붙여주고 아이
가 꽃잎을 자유롭게 붙이도록 해주세요.

❸ 벚꽃과 봄꽃을 붙여서 예쁜 왕관을 만들어
주세요.

❹ 아이머리에 직접 씌워주며 공주 놀이를 해
보세요.

민주 공주님으로 변신! ^^

3. 개나리꽃 액자

과일 상자를 열어보면 과일 덮개가 있어요.
아이에게 "이걸로 뭘 만들어 볼까?"라고 물어보
니 나무를 만들고 싶다고 했어요. 아무 생각 없이
버릴 수 있는 재료를 가지고 미술놀이를 할 수
있어요.
아이와 함께 개나리꽃을 만들어 보세요.

놀이 효과

과일 포장지로 나무를 표현할 수 있어서 아이의 창의력이 향상되고
봄꽃과 계절에 대해서 알 수 있어요.

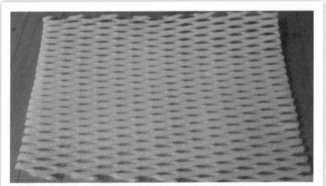

❶ 과일 상자 안에 들어있는 포장 덮개가 필요해요.

준비물
과일 상자 덮개, 유성 매직,
양면 테이프,색종이

❷ 줄기 모양으로 잘라서 상자 안
에 양면 테이프로 붙여주세요.

❸ 색종이를 개나리 모양으로 오려 주세요.

❹ 아이가 유성 매직으로 줄기를 색칠하게 해
　주세요.

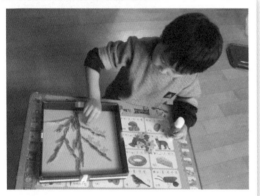

❺ 풀로 색종이 개나리꽃을 나무에 붙여 주세
　요.

❻ ♬♬"나리나리 개나리~"개나리꽃이 완성되
　었어요.

4. 팝콘 벚꽃나무

봄이 되면 예쁜 벚꽃이 피어나죠. 바람이 불면 눈꽃이 날려 벚꽃 세상이 됩니다.
극장에서 영화 먹는 팝콘으로 아이와 함께 벚꽃나무를 만들어 보세요. 팝콘이 벚꽃으로 변신됩니다.

놀이 효과

팝콘으로 벚꽃을 표현할 수 있다는 생각을 할 수 있어요.
창의력 발달에 도움을 줍니다. 또한 나뭇가지에 벚꽃 팝콘을 붙이면서
소근육 발달에도 도움을 줍니다.

 준비물은 팝콘, 나뭇가지, 물감, 사진엔 없지만 종이컵, 아이클레이, 아이스크림 막대를 준비해주세요.

준비물
팝콘, 나뭇가지, 물감,
종이컵, 아이클레이,
아이스크림 막대

❷ 팝콘에 분홍색 물감으로 아이가 칠할 수 있
도록 해주세요.

❸ 물감을 칠한 팝콘이 마를 동안 종이컵에 아
이클레이를 넣어서 화분을 만들어 주세요.

❹ 나뭇가지를 아이클레이에 꽂고 팝콘 벚꽃을
목공풀로 붙여 주세요.

❺ 화단에 아이스크림 막대를 꽂아서 울타리를
만들어 주세요.

❻ 팝콘 벚꽃나무 완성~!

5. 나뭇잎 탁본

가을이 되면 낙엽이 떨어지죠. 아이와 산책을 하며 낙엽을
밟아보세요. '바사삭'거리는 소리를 함께 들으며 가을을 함
께 느껴보고 집으로 돌아올 땐 낙엽들을 주워서 미술 놀이
를 해보세요.

놀이 효과

가을나무를 꾸미면서 가을을 느낄 수 있어요.

나뭇가지에 나뭇잎을 달면서 소근육 발달이 되지요. 잎맥에 물감을 칠하고
도화지에 찍기 전에 어떤 모양이 나올까 호기심과 궁금증이 생깁니다.
또한 가을나무를 스스로 만들면서 성취감과 만족감이 생겨요.

❶ 나뭇잎 잎맥 쪽에 물감을 칠해주세요.

준비물
나뭇잎, 물감, 종이컵,
아이클레이, 테이프,
도화지, 가위

❷ 도화지에 나뭇잎을 찍어 주세요.

❸ 나뭇잎을 가위로 오려 주세요.

❹ 종이컵에 아이클레이를 넣고 화분을 만든
뒤 나뭇가지를 꽂아 주세요.

❺ 테이프로 종이 나뭇잎을 나뭇가지에 달아주
세요.

❻ 가을 분위기가 나는 가을나무 완성!

6. 오색 가을 나무

가을이 오면 알록달록 단풍잎들을 볼 수 있어요.

♬♬"노랗게 노랗게 물들었네~ 빨갛게 빨갛게 물들었네~"

♬ 가을 동요를 부르며 아이와 펀지로 뚫은 종이로 단풍을
표현해 보세요.

놀이 효과

펀치로 뚫은 색종이를 나무에 하나하나 붙이면서 소근육 발달이 이루어져요.

가을 단풍나무 대하서 알게 되고 완성된 작품을 보며 성취감과 자신감이 높아집니다.

❶ 도화지에 나무 그림을 그려주고 갈색 한지
를 찢어서 풀로 붙여 주세요.

준비물
도화지, 한지, 펀치, 풀, 색종이

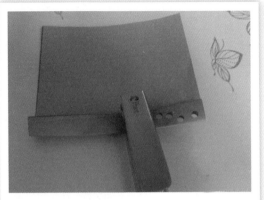

❷ 색종이를 겹쳐서 펀지로 뚫어주세요.

❸ 펀치로 뚫은 색종이로 가을 단풍나무를 꾸
  며보세요.

❹ 나무 그림에 풀을 붙이고 펀치로 뚫은 색종
  이를 뿌려가며 붙여 주세요.

❺ 알록달록 가을 나무 완성!

7. 마카로니 가을 나무

마카로니로 단풍나무를 꾸며 보았어요. 다양한 재료로 단풍
나무를 만들 수 있다는 생각을 하게 되는 시간이었어요.
아이들과 가을 나무도 꾸며보고 맛있는 마카로니 요리도
해 보세요.

놀이 효과

마카로니에 물감을 칠해서 나무에 붙여 주면서 소근육이 발달됩니다.
또한 도화지에 그림을 그리면서 창의적으로 생각하는 힘이 생겨요.

❶ 마카로니에 알록달록 물감을 칠해 주세요.

❷ 마카로니를 말려주세요.

준비물

도화지, 한지, 마카로니, 물감,
목공풀, 붓

❸ 도화지에 나무 그림을 그려주고 갈색 한지를 풀로 붙여 주세요.

❹ 목공풀로 마카로니를 나무에 붙여 주세요.

❺ 아이가 도화지에 자유롭게 그림을 그릴 수 있도록 해주세요.

❻ 알록달록 마카로니 가을 나무 완성!

8. 솔방울 나무

아이들과 공원에 가서 소나무 아래에 떨어진 솔방울을 주워왔어요.
"엄마! 솔방울 가져가서 미술놀이 해요!"라고 아이들이 말하던 기억이 나네요.
하나의 사물을 보더라도 그냥 지나치지 않는 아이들과 함께 집에서 솔방울 나무를 만들어 봤어요.
아이들과 함께 예쁜 솔방울 나무를 꾸며 보세요.

놀이 효과

함께 솔방울 나무를 꾸미면서 협동심이 생깁니다. 솔방울 나무가 완성되면 성취감과 자신감도 생겨나요. 또한 자연을 느낄 수 있는 시간이 됩니다.

❶ 나무를 그려주고 아이들이 색칠하게 해주세요.

준비물
전지, 크레파스, 물감,
솔방울, 글루건, 붓

❷ 솔방울을 물감으로 칠해주세요.

❸ 솔방울을 말려주세요.

❹ 글루건으로 솔방울을 나무에 붙여주세요.

❺ 알록달록 솔방울 나무 완성!

9. 도토리 인형

가을에 아이들과 숲 체험을 하다가 바닥에 도토리가 떨어져 있는 걸 발견했어요.
아이들과 만들기 놀이를 하려고 도토리를 주워 왔어요. 도토리와 솔방울을 가지고 인형을 함께 만들어 보세요.

놀이 효과

자연물로 인형을 만들 수 있다는 생각의 폭이 커집니다. 스스로 만들기를 완성하면서 창의력이 향상돼요. 완성작품을 보며 뿌듯함과 만족감이 생깁니다.

❶ 준비물로 도토리, 솔방울, 눈알 스티커, 모루, 이쑤시개나 나무 젓가락, 종이컵, 유성 매직을 준비하세요.

준비물
도토리, 솔방울,
눈알 스티커, 모루,
나무젓가락, 종이컵,
유성 매직

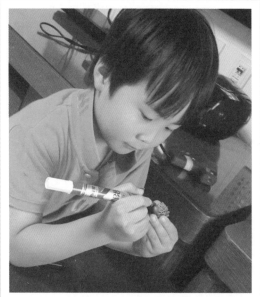

❷ 도토리에 도토리 모자를 글루건으로 붙여주고 눈알 스티커를 붙여주세요. 그리고 유성 매직으로 코와 입을 그려주세요.

❸ 이쑤시개와 나무젓가락으로 팔과 다리를 붙여주세요. 규형이는 도토리 허수아비 인형을 만들었어요.
팔. 다리를 모루로 만들어 주셔도 됩니다.

❹ 종이컵에 꽂아주면 도토리 인형 완성.

10. 주렁주렁 감나무

집 앞에 감나무가 있어요. 가을이 되니 초록색 감이 주황색
으로 변해서 주렁주렁 열렸어요. 감나무를 보며 감이 익어
가는 과정을 관찰하고 자연의 신기함을 느낄 수 있었어요.
아이들과 집에서 감나무를 함께 만들어 보세요.

놀이 효과

감나무가 가을에 열린다는 걸 알 수 있어요.
감을 만들면서 소근육이 발달되고 자유 그림을 그리면서 창의성이 생깁니다.

❶ 신문지를 동그랗게 뭉쳐주고 주황색 한지로 감싸주세요.

준비물
신문지, 주황색 한지, 색종이,
양면 테이프, 전지, 크레파스

❷ 감잎을 색종이로 만들어 붙여주세요.

❸ 색종이로 나뭇잎을 접어놓고 감잎도 준비해
주세요.

❹ 아이들과 함께 감을 여러 개 만들어 보세요.

❺ 전지 위에 갈색 한지로 나무를 붙여주고 감
을 양면 테이프로 붙여 주세요.

❻ 전지 빈 공간에 아이가 자유롭게 그림을 그
릴 수 있도록 해주세요.

11. 귤 주스 & 귤나무

과일 중에서 귤을 좋아하는 민주에게 귤 책을 읽
어주고 함께 귤 놀이를 해보았어요.
칼로 잘라서 단면을 관찰해보고 조물조물 짜서
귤 주스를 만들어 먹기도 했어요.
귤 하나로 여러 가지 놀이를 할 수 있어요.
아이들과 함께 여러 가지 귤 놀이를 해 보세요.

놀이 효과

귤에 대해서 알 수 있어요. 촉감과 미각에 도움을 주며
스스로 만들고 먹는 재미에 성취감이 생깁니다.
귤껍질을 손으로 잘라서 나무에 하나하나 붙여주면서 소근육 발달에도 도움을 주지요.

❶ 아이와 귤에 관한 책을 읽으며 탐색하는 시
  간을 가져보세요.

준비물
귤, 빵칼, 비닐봉지, 도화지, 목공풀

엄마표 계절&자연 놀이

❷ 빵 칼로 귤을 잘라서 단면을 관찰해 보세요.

물컹물컹해요~!

❸ 비닐봉지에 귤을 넣고 손으로 주물러 주세요.

아이에게 느낌이 어떤지도 물어봐 주세요.

❹ 비밀 끝부분에 구멍을 내서 귤을 컵에 짜 주세요.

❺ 아이가 직접 짠 귤 주스를 잘 먹는 답니다.

100% 귤 주스네요.

❻ 아이의 손을 대고 나무 그림을 그려주세요.

❼ 귤껍질을 잘라서 목공풀로 나무에 붙여 주
면 귤나무 완성!!

엄마표 계절&자연 놀이

12. 겨울 소나무

소나무에 눈 덮인 모습을 보면서 아이와 함께 미술놀이를
해 보았어요. 뾰족뾰족한 소나무 잎을 만져보고 소나무의
생김새와 냄새를 맡아보며 겨울 소나무를 꾸며보세요.

놀이 효과

소나무의 모습을 표현하면서 소나무에 대해서 알게 됩니다.
소나무를 가위로 잘라 붙이면서 소근육과 집중력이 발달됩
니다.

❶ 준비물은 검은색 도화지, 솔잎, 면봉, 물감, 나뭇가지, 목공풀이
필요해요.

준비물
검은색 도화지, 솔잎,
면봉, 물감, 나뭇가지,
목공풀

❷ 검은색 도화지에 목공풀로 나뭇가지를 붙여
주세요.

❸ 소나무 잎을 가위로 잘라서 솔잎을 붙여주
세요.

❹ 흰색 물감에 면봉을 묻혀서 도화지에 찍어
주세요.
눈을 표현해 보세요.

❺ 눈 오는 날 소나무의 모습을 아이와 함께 표
현해 보세요. *겨울 소나무 완성~!^^*

13. 소금 눈이 내려요.

눈을 좋아하는 민주는 겨울이 빨리 오기를 기다려요. 눈이 오면 산타할아버지가 오는 줄 알지요. 산타할아버지에게 선물을 받고 싶어 하는 마음으로 미술놀이를 했어요. 아이의 순수한 마음을 보며 엄마 미소가 절로 지어지네요. 아이와 함께 소금을 뿌리며 눈을 표현해 보세요.

놀이 효과

소금을 눈으로 표현하면서 상상력이 풍부해 지고 소금의 촉감을 느끼며 눈을 표현할 수 있습니다.

❶ 도화지에 검은색 물감을 칠해서 밤하늘을 표현해 주세요.

❷ 산타할아버지 사진이나 아이의 사진을 붙여 주세요.

준비물
도화지, 물감, 김,
사진, 소금, 풀

❸ 김을 집과 교회모양으로 잘라서 붙여주세요.

❹ 물감이 마르기 전에 소금을 솔솔 뿌려주세요.

♬펄펄 눈이 옵니다. 하늘에서 눈이 옵니다.♬
노래를 부르며 소금을 뿌려 주세요.

❺ 아이와 소금을 뿌리며 눈 오는 날을 표현해 보세요.

엄마표 계절&자연 놀이

14. 방부제 눈이 내려요.

김을 먹고나서 방부제와 김곽을 버리지 않고
아이와 눈을 표현해 보았어요.
다양한 재료로 눈을 표현할 수 있다는 걸
민주가 알게 되었어요.
방부제를 버리지 말고 놀이에 양보해 보세요.

놀이 효과

다양한 재료로 눈을 표현할 수 있는 경험을 하게 되고
산타할아버지를 기다리는 아이의 정서에도 도움을 줍니다.

❶ 준비물은 김 안에 있는 방부제와 김곽이 필요해요.

준비물
김곽, 방부제, 도화지,
물감, 밀가루, 유성 매직

❷ 검은색 물감에 밀가루를 넣고 섞어주세요. 방부제가 잘 달라붙어요.

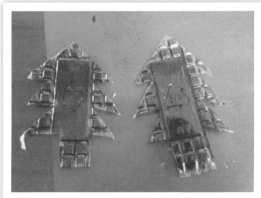

❸ 김곽을 트리모양으로 오려서 유성 매직으로 칠해주세요.

❹ 도화지에 물감으로 밤하늘과 눈을 칠해주세요.

❺ 산타할아버지 사진이나 아이 사진을 붙여주세요.

❻ 방부제를 도화지 위에 솔솔 뿌려주세요.

❼ 트리와 사진을 붙이면서 아이가 자유롭게
표현할 수 있도록 해주세요.

15. 얼음 성

밖에 나가서 놀고 싶지만, 눈도 많이 오고 추워서 나가지 못하는 아이에게 얼음 눈 덩어리를 가져다 주었어요. 밖에서만 가지고 놀 수 있는 눈을 집에서도 가지고 놀 수 있어서 아이가 좋아했어요. 추운 겨울 집에서 얼음 눈을 가지고 미술 놀이를 해 보세요.

놀이 효과

얼음 눈에 물감을 자유롭게 칠하면서 미적 감각이 길러지고 구멍을 뚫어 인형의 집을 만들면서 상상력이 풍부해진답니다.

❶ 얼음 눈 덩어리를 준비해 주세요.

준비물
얼음눈, 물감, 피규어, 붓

❷ 아이가 자유롭게 물감으로 얼음 성을 칠하
도록 해주세요.

❸ 얼음 성에 구멍을 내서 인형들의 집을 만들
어보세요.

❹ 얼음 성에 사는 인형들과 역할 놀이를 하며 재밌게 놀아보세요.

16. 솔방울 크리스마스트리

크리스마스가 되면 트리 꾸미는 재미에 아이들은 신이 납니다.
산책하다가 아이들과 함께 주운 솔방울로 크리스마스트리를 만들어 보았어요.
아이들과 함께 크리스마스가 오기 전에 솔방울 트리를 만들어 보세요,

놀이 효과

솔방울로 트리를 만들 수 있어 호기심이 생기고 트리를 꾸미면서 미적 감각이 생깁니다.
완성된 트리를 보며 만족감과 성취감을 맛보게 됩니다.

❶ 초록색 물감으로 솔방울을 색칠해주세요.

준비물
솔방울, 물감, 종이컵,
찰흙, 반짝이 가루,
꾸미기 재료, 종

엄마표 계절&자연 놀이

❷ 물감이 마를 동안 종이컵 속에 찰흙을 넣어서 화분을 만들어 주세요.

❹ 반짝이 가루를 뿌려주세요.
반짝이 가루는 패스하셔도 되요.

❸ 솔방울을 화분에 꽂아주고 반짝이 매니큐어로 트리를 꾸며 주었어요.
반짝이 풀로 꾸며주셔도 예뻐요.

❺ 글루건으로 구슬을 붙이고 종도 달아 주세요. 집에 있는 꾸미기 재료를 사용하셔도 됩니다.

17. 솔방울 크리스마스리스

솔방울로 아이와 함께 크리스마스 리스를 만들어 보세요. 돈 주고 사는 리스보다 자연물 리스가 더 예뻐요. 크리스마스 리스로 크리스마스 분위기를 연출해 보세요.

놀이 효과

솔방울을 물감으로 자유롭게 칠하면서 미적 감각이 생기고 스스로 꾸미면서 만족감과 성취감이 생겨요. 자연재료를 이용한 놀이는 아이들의 감성을 자극합니다.

❶ 준비물은 솔방울, 신문지, 쿠킹호일, 아크릴 물감, 트리 끈, 반짝이 풀이 필요해요.

준비물
솔방울, 신문지, 쿠킹호일,
물감, 트리끈, 반짝이 풀

❷ 신문지를 여러 겹으로 말아서 동그랗게 만들어 주세요.

❸ 쿠킹호일로 감싸주세요.

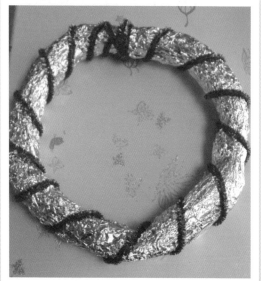

❹ 사선 방향으로 트리 끈을 감아주세요.

❺ 솔방울을 물감으로 칠해주세요.

❻ 솔방울이 마르면 글루건으로 리스에 붙여주세요.

❼ 반짝이 풀로 솔방울을 예쁘게 꾸며 주세요. 솔방울이 반짝반짝 윤기 나게 빛이 나요.

❽ 솔방울 리스를 문에 걸어 크리스마스 분위기를 연출해 보세요.

18. 크리스마스 가랜더

크리스마스 분위기를 내기 위해서 아이와 크리스마스 가랜더를 만들어 보았어요.
비싼 가랜더를 사서 달아주기보다 아이와 직접 만든 가랜더가 더 의미 있을 것 같아요. 아이와 함께 크리스마스 가랜더 꾸미기를 하면서 크리스마스 분위기를 연출해 보세요.

놀이 효과

스스로 트리를 꾸미고 붙이면서 소근육 발달과 미적 감각이 길러져요.
크리스마스를 기다리는 아이의 마음은 정서에도 도움을 줍니다.

❶ 준비물은 빨간색, 초록색 펠트지, 스티커, 꾸미기 장식들, 빨간 끈이 필요해요.

준비물
펠트지, 스티커,
꾸미기 장식, 끈

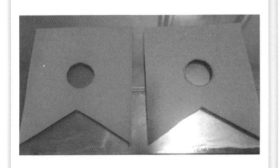

❷ 빨간색, 초록색 펠트지를 사진처럼 오려주세요.

❸ 눈꽃 스티커와 꾸미기 장식들을 붙여서 꾸며주세요.

❹ 완성된 가갠더에 빨간끈을 스템플러로 찍어주세요.

❺ 벽에 가랜더를 달아주면 크리스마스 분위기가 연출 됩니다.

19. 크리스마스 스노우볼

크리스마스 스노우 볼을 아이들과 함께 만들어 보세요.
반짝 거리는 스노우 볼을 이리저리 흔들면 신기해해요.
간단한 재료로 쉽고 재밌게 만들어 보세요.

놀이 효과

아이들이 직접 만든 스노우 볼을 관찰하며 신기해합니다.
스스로 만들었다는 성취감과 만족감이 생겨요.
크리스마스를 기다리는 아이들의 순수한 마음이 느껴집니다.

❶ 재료는 병, 글리세린, 반짝이, 물풀, 산타인형(또는 피규어)이 필
요해요. 글리세린은 약국에서 팔아요.

준비물
병, 글리세린, 반짝이,
물풀, 산타인형 or 피규어

❷ 케이크에 꽂는 장식 밑 부분을 자르고 LED 전구는 랩으로 감아주었어요.
LED 전구는 없으면 패스하셔도 됩니다.

❸ 병 안에 물과 반짝이를 넣어 주세요.

❹ 물 : 글리세린은 8 : 2로 해주세요.

❺ 물풀을 넣어주세요.

❻ 병뚜껑 밑 부분에 글루건으로 산타장식을 붙여주세요.

❼ 눈꽃 스티커를 아이들과 함께 병에 붙여주세요.

❽ 크리스마스 스노우볼 완성!

20. 할로윈 데이

10월 31일은 할로윈데이죠.

규형이는 유령 가면을 쓰고 호박 바구니를 만드는 것을 좋아했어요.

민주는 마녀로 변장해서 빗자루를 타고 다니는 놀이를 좋아했어요.

아이들과 함께 만들기 놀이를 하면서 할로윈 데이를 즐겨 보세요.

놀이 효과

할로윈에 대해서 알게 되고 역할 놀이를 통해 자신감과 상상력이 풍부해집니다.

1. 할로윈 유령 가면

❶ 할로윈 유령 가면을 프린트해서 코팅해 주세요.

준비물

유령 가면, 안경

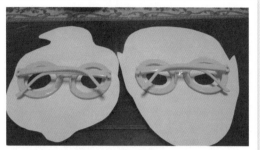

❷ 유아 안경을 가면 뒤에 붙여 주세요. 고무줄을 사용하셔도 돼요.
유아 안경은 문구점에 팔아요.

❸ 유령 가면을 쓰고 함께 역할놀이를 해보세요.

2. 할로윈 초콜릿 목걸이

❶ 뽑기통에 호박 유령 얼굴을 잘라서 붙여 주세요. 뽑기 통은 문구점에 팔아요

준비물

뽑기통, 한지, 풀, 모루

❷ 뽑기통 안에 주황색 한지를 찢어서 넣어 주세요.

❸ 모루 끈을 달고 초콜릿을 꼬아서 목걸이를 만들어 주세요.

❹ 할로윈 초콜릿 목걸이 완성.

3. 할로윈 호박 바구니

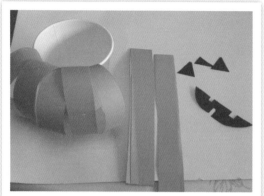

❶ 준비물은 주황색 종이컵과 주황색 도화지,
모루가 필요해요.

준비물
종이컵, 주황색 도화지, 풀, 모루

❷ 주황색 도화지를 길게 잘라서 종이컵 위와
아래를 연결해서 붙여 주세요.

❸ 호박 유령 얼굴을 붙여주세요.

❹ 모루 끈을 달고 호박 바구니 안에 사탕과 초
콜릿을 넣어주세요.

4. 할로윈 마녀모자

❶ 검은색 도화지를 위 사진처럼 잘라 주세요.

준비물
검은색 도화지, 스티커

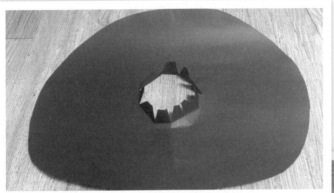

❷ 고깔이 들어갈 수 있도록 모자 모양 중간에 구멍을 내 주세요.

❸ 마녀 모자 완성!

❹ 마녀 모자에 스티커를 붙여 아이들과 함께 꾸며보세요.

❺ 가면과 모자를 쓰고 빗자루를 타며 아이들과 함께 할로윈 데이
를 즐겨 보세요.

4부
엄마표 과학 놀이

과학이라는 말을 들으면 어렵게 느껴지고 지루하게만 생각되죠.
과학 놀이가 지식을 전달하려는 목적이 아니라 아이와 재미있게 놀아주는 놀이라고 생각하면 과학은 어렵지 않아요. 아이들은 과학을 재미있는 놀이라고 생각하게 된답니다.

과학 놀이는 창의성을 키우는 좋은 놀이지요. 낯설고 어려운 과학을 아이와 몸으로 느끼며 놀 때 아이는 비로소 과학의 재미를 느낄 수 있어요.

호기심이 생기고 창의력이 발달에 도움이 되는 과학 놀이를 엄마와 함께 쉽고 재밌게 놀이해 보세요. 자기도 모르게 과학을 좋아하게 됩니다.

1. 양초 비밀 그림

신기한 과학 놀이는 아이들의 궁금증을 해결해
주고 과학이 쉽고 재밌는 놀이라고 생각하게 됩
니다.
양초 비밀 편지로 아이들에게 사랑의 편지를 써
보세요. 아이들이 물감을 칠하면서 엄마의 사랑
을 알게 되는 시간이 됩니다.

놀이 원리

양초는 기름으로 만들어지고 물감은 물로 만들어져서
서로 만나게 되면 반발력이 생겨 섞이지 않아 글씨가 보이게 됩니다.

❶ 준비물은 양초가 필요해요.

준비물
양초, 물감, 도화지, 붓

엄마표 과학 놀이

❷ 도화지 위에 양초로 그림을 그려보게 해주 세요.

❸ 물감으로 칠해주면 그림이 나타납니다.

❹ 한글과 숫자를 배우는 연령이라면 양초 그 림으로 맞추기 게임을 해도 좋아요.

❺ 엄마가 양초로 비밀 편지를 써서 아이들이 물 감으로 칠하게 하는 비밀 편지 놀이를 해보세 요.^^

2. 우유 마블링

유통 기한이 지난 우유를 버리지 말고 과학 놀이
를 해보세요.
우유 속에서 물감이 예쁘게 퍼지는 모습을 보니
아이 눈이 커졌어요. 간단한 재료로 신기한 과학
놀이 속으로 빠져 보세요.

놀이 원리

세제가 우유의 표면장력을 깨지게 하면서
우유 속에 있는 물감들이 마블링처럼 변하게 됩니다.

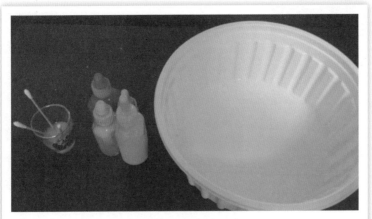

❶ 준비물은 세제, 면봉, 물감, 우유가 필요해요.
　우유는 유통 기한이 지나면 더 좋겠죠.

준비물
세제, 면봉, 물감, 우유

❷ 우유가 담긴 그릇에 아이가 물감을 떨어뜨
리게 해주세요.

❸ 세제를 묻힌 면봉으로 우유 표면에 갖다 대
면 물감이 순식간의 퍼지게 됩니다.

3. 부글부글 화산이 펑~!

공룡에 관심이 많아진 아이들이 공룡이 왜 사라졌
냐고 물어봐요. 재밌는 화산 폭발 실험을 하면서
공룡이 멸종된 이유를 알려 주세요. 화산 폭발 실
험은 아이들이 정말 좋아하는 과학 놀이랍니다.

놀이 원리

소다와 식초의 반응으로 소다는 탄산나트륨이고 식초는 산이에요.
탄산나트륨과 산이 만나면 이산화탄소가 생성되면서
부글부글 끓어오르다가 분출하는 거랍니다.

❶ 준비물은 요구르트 병, 점토나 찰흙, 베이킹소다, 식초, 물감이
  필요해요.

준비물
요구르트 병, 점토 or 찰
흙,베이킹소다, 식초, 물감

활동하기 전에 화산폭발에 관한 책을 읽어주고 시작하면 더 좋아요.

엄마표 과학 놀이

❷ 요구르트 병을 점토나 찰흙으로 감싸주고 베이킹소다를 넣어 주세요.

❸ 빨간색 물감을 먼저 넣어주세요.

❹ 식초를 넣어주세요.

❺ 식초를 넣는 순간 화산에서 용암이 나오는 것처럼 물감이 흘러나옵니다.

❻ 공룡 장난감이 있으면 화산 폭발 후 공룡이 죽은 상황을 연출해 주면 더 재밌어합니다.

4. 자석 놀이

자석 놀이를 할 때 금속과 비금속을 말로
설명하기보다 집안에 물건들로 자석에 붙는지
안 붙는지 보여주면서 활동해 보세요.
쉽고 재미있게 자석에 대해서 알게 되는 시간이
될 수 있어요.

놀이 원리

자석 주위에 자기장이 생기면서 자력이 생겨요.
자석에 붙는 물질은 자기장에 의해 자석화되면서 자석에 붙습니다.

❶ 준비물은 자석과 자석에 붙는 물체와 붙지 않는 물체들을 준비
해 주세요.

준비물
자석, 집에 있는 물건들

❷ 자석의 N극과 S극을 놀이로 재밌게 알려주세요.

다른 색깔 극끼리 만나면 뽀뽀한다고 얘기해 주었어요.

❸ 자석을 물체에 직접 가져가 보게 해주세요. 어떤 물체가 붙고 안 붙는지 알 수 있게 됩니다.

❹ 페트병에 클립을 넣고 자석으로 끌어올려 구출해 주는 게임도 함께 해보세요.

아이들이 집중해서 클립을 빼내게 되면 환호를 지르기도 해요.

5. 터지지 않는 풍선

바늘로 풍선을 찌르고 불에 갔다 대어도 터지지 않는 걸 보면서 아이들이 무서워하다가
점점 호기심이 가득해졌어요. 풍선 하나로 신기한 놀이를 할 수 있어요.

❶ 풍선이 묶여지는 부분과 풍선 뒷부분을 서
로 어묵 꼬지로 관통해 주세요.

❷ 터지지 않는 풍선 꼬지를 만들 수 있어요.
민주는 무섭다고 뒤에 숨어 있네요.

❸ 풍선에 테이프를 붙이고 그 위에 바늘로 찔
러 주세요.
민주는 터질까 봐 귀를 막고 있어요.

엄마표 과학 놀이

❹ 테이프 때문에 풍선이 터지지 않아요.

놀이 원리

풍선이 터지지 않는 것은 테이프가 풍선의 보호막을 형성하기 때문이에요. 구멍이 나서 바람을 빠지지만 터지지는 않아요.

❺ 풍선에 물을 담고 촛불 위에 갖다 대어 주세요. 풍선이 터지지 않아요.

준비물

풍선, 꼬지, 테이프, 압정

놀이 원리

풍선 안의 물이 촛불의 열을 가져가서 터지지 않습니다.

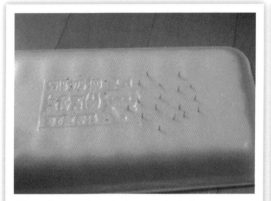

❻ 스티로폼 위에 압정을 꽂아 주세요.

❼ 그 위에 풍선을 올려놓고 누르면 터지지 않아요.

놀이 원리

풍선 안에 공기는 밖으로 나가고 싶어 해서 작은 구멍이 생기면 한꺼번에 나가기 때문에 터져버려요. 그런데 이렇게 압정이 많이 있으면 공기들이 어디로 터질지 몰라 구멍을 못 내는 거랍니다.

엄마표 과학 놀이

6. 풍선 보트

풍선으로 풍선 보트를 만들어보세요.
풍선 보트를 욕조 안에서 가지고 놀 수 있어서
목욕 시간이 즐거워져요.

놀이 원리

풍선에서 빠져나가는 공기의 힘으로 보트가 앞으로 나가는 원리입니다.

❶ 재활용 스티로폼 한쪽 끝에 구멍을 뚫어 주세요.
　 재활용 우유곽으로 하셔도 되요.

준비물
스티로폼, 풍선,
빨대, 테이프

❷ 풍선에 빨대를 꽂아서 테이프로 감아주세요.
공기가 새지 않도록 해주세요.

❸ 스티로폼 구멍 부분에 끼워주세요.

❹ 물 위에서 잡고 있던 풍선을 놓으면 공기가 빠져나가면
서 풍선 보트가 앞으로 나갑니다.

7. 물먹는 양초

컵 속에서 양초가 마법을 부리는 것 같아요. 물이 빨아 올라가는 걸 보면서 아이 눈이 커졌어요. 물이 컵 속으로 왜 빨려 들어가는지 아이와 실험을 통해서 재밌게 배워보세요.

놀이 원리

초가 타면서 초 안의 산소량이 줄어들고 이산화탄소가 늘어나요. 이때 촛불이 꺼지고 산소 부피가 줄어들고 압력이 낮아지면서 아래에서 위로 물이 올라가게 됩니다.

❶ 물이 든 컵에 식용 색소나 물감을 넣어주세요.

준비물
물감이나 식용 색소,
컵, 양초

❷ 접시 위에 색소 물을 붓고 그 위에 양초를 올려 주세요.

우아~~!!
너무 신기해 엄마
~!!

❸ 양초 위에 투명 컵을 올려놓으면 색소 물이 컵 안으로 빨려 들어가는 것을 관찰해 보세요.

엄마표 과학 놀이

8. 드라이아이스 놀이

아이스크림 케이크를 먹고 드라이아이스 놀이를 해보았어요.
따뜻한 물에 드라이아이스를 넣으면 연기가 올라옵니다.
아이들이 신기하게 쳐다보며 좋아해요.
손으로 만지면 위험하니 주의하면서 아이들과 드라이아이스 버블 놀이를 해 보세요.

놀이 원리

물에 들어있는 드라이아이스가 승화되면서 이산화탄소가 나오는데
이때 거품 막을 밀면서 부풀어 올라 버블을 만듭니다.
이산화탄소 압력 때문에 너무 커지면 뻥~하고 터지게 되는 겁니다.

❶ 물에 드라이아이스를 넣고 아이들과 관찰해 보세요.

준비물
드라이아이스,
물감, 세제

손으로 절대 드라이아이스를 만지면 안 된다고 주의를 주세요.
동상 위험!

❷ 물티슈나 손수건에 세제 물을 적신 뒤 드라이아이스가
   담긴 컵 윗 부분을 지나가 주세요.

❸ 커다란 비눗방울이 올라오면 아이들이 신기해해요.

❹ 세제 물을 드라이아이스가 담긴 병에 넣어주면 거품들
   이 부글부글 끊임없이 올라와요.

9. 노른자가 뽀옥~!

노른자가 페트병 속으로 쏙 들어가는걸 보면서 아이가 신기해했어요. 달걀 요리를 하기 전에 아이들과 간단한 과학놀이를 해보세요. 마술 같은 노른자 분리 실험을 직접 해보면서 재밌게 원리도 알려주세요.

놀이 원리

온도에 따라 공기가 차지하는 부피의 차이를 이용하여 달걀을 분리하는 실험입니다. 페트병을 더운물로 데우면 온도가 높아져서 페트병 내부 공기가 차지하는 공간이 늘어나게 돼요. 자리가 부족해진 공기가 밖으로 나가게 되면서 페트병 밖의 노른자를 내부를 흡입하는 거랍니다.

❶ 접시에 달걀을 깨 주세요.

준비물
계란, 페트병

❷ 작은 페트병을 따뜻한 물로 한번 헹궈 주세요.

❸ 페트병 입구에 노른자를 갖다 대고 페트병 가운데 부분을 손으로 눌렀다가 펴면 노른자가 병 속으로 들어갑니다.

5부
엄마표 요리 놀이

요리 놀이는 오감을 자극하는 놀이예요. 음식을 만들어 맛을 보면서 미각이 자극되고 손으로 재료를 만지면서 촉감이 자극되지요.

음식을 조리할 때 보글보글 끓는 소리나 칼로 야채를 써는 소리를 들으며 청각이 발달하고 맛있는 음식에서 나는 냄새로 후각이 자극된답니다. 이처럼 요리 놀이를 통해 아이는 오감발달은 물론 두뇌발달도 되지요.

엄마와 함께 요리하면서 정서적으로 안정감이 생기기도 해요.

편식이 있는 아이라면 자신이 만든 음식에 관심을 가지게 되면서 편식도 줄어들게 된답니다.

스스로 만든 요리를 기다리는 동안 아이들은 인내심을 배우고 완성된 요리를 보면서 성취감과 만족감을 느끼게 되지요.

많은 교육적인 효과가 있는 요리 놀이를 아이와 함께 해보세요.^^

1. 사랑의 빼빼로

11월 11일은 빼빼로 데이죠.
아빠에게 빼빼로를 만들어 주고 싶다고 해서
아이와 함께 요리 놀이를 해보았어요. 아이의
사랑이 듬뿍 담긴 빼빼로를 함께 만들어 보세요.

놀이 효과

빼빼로 만들기를 통해 아빠를 사랑하는 마음이 생기고
스스로 만들고 꾸미는 활동으로 자신감과 만족감이 생깁니다.

❶ 초콜릿을 중탕으로 해서 녹여주세요.
　　뜨거운 물 위에 서서히 녹여주세요.

준비물
초코렛, 막대 과자, 땅콩 과자

❷ 땅콩으로 버무린 튀김 과자를 절구에 놓고
아이가 으깨도록 해주세요.

❸ 막대 과자에 초콜릿을 묻혀주세요.

❹ 초콜릿을 묻힌 곳에 으깬 과자를 손으로 솔
솔 뿌려주세요.

❺ 아이와 함께 아빠에게 줄 빼빼로를 포장해
주세요.

2. 치즈 만들기

마트에서 사 먹는 치즈를 만들어 먹을 수 있다는
생각에 호기심이 생기기 시작했어요.
어떤 맛일지 궁금해하며 요리를 즐기며 해 주었어요.
우유와 레몬 하나만 있으면 치즈를 만들 수 있어요. 아이들과 함께 만들어 보세요.

놀이 효과

치즈를 만드는 과정을 배울 수 있고 스스로 만들어서 성취감이 생깁니다.

❷ 냄비에 우유 200ml 넣고 레몬즙 한 큰술을
넣어주고 약한 불에 끓여주세요.

준비물
우유, 레몬즙

❷ 끓이면 몽글몽글 우유 덩어리가 생겨요.

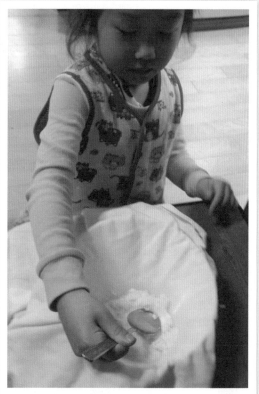

❸ 면 보자기나 거름망에 치즈만 걸러내 주세요.

❹ 걸러낸 치즈를 찍기 틀에 눌러 담아주세요.

❺ 아이가 직접 만든 치즈가 완성!

3. 바나나 롤 샌드위치

아이들 간식을 무엇으로 줄까 고민될 때가 많죠.

그럴 때 바나나 샌드위치를 아이들과 만들어보세요.

함께 만들고 먹을 수 있어서 요리에 대한 흥미도 생겨요.

놀이 효과

스스로 샌드위치를 만들면서 자신감이 생기고 샌드위치를 돌돌 말면서

소근육 발달도 이루어 져요.

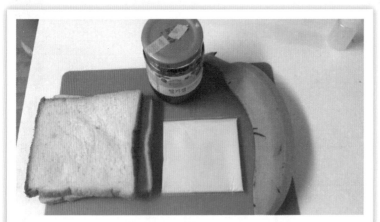

❶ 재료는 식빵. 딸기잼. 바나나, 치즈, 랩이 필요해요.

준비물
식빵, 딸기잼, 바나나,
치즈, 랩

❷ 빵칼로 식빵 테두리를 잘라주세요.

❸ 식빵을 밀대로 얇게 밀어주세요.

❹ 식빵에 딸기잼을 발라주세요.

❺ 그 위에 치즈와 바나나를 올려 주세요.

❻ 돌돌돌 말아서 랩으로 말아주세요. 랩으로 말면 롤이 풀리지 않고 고정이 됩니다.

냠냠!!
너무 맛있다!

❼ 아이들이 직접 만든 바나나 롤을 간식으로 해결해 주세요.

4. 채소 뽕뽕! 달걀 볶음밥

채소를 먹지 않는 아이들의 편식을 예방할 수 있는 채소 달걀 볶음밥을 만들어 보세요.
자신이 만든 요리라서 맛있게 음식을 먹는답니다.

놀이 효과

채소를 먹지 않은 아이들의 편식을 줄여줄 수 있고
스스로 요리를 하며 자신감도 생겨요.
채소를 직접 자르면서 손에 힘이 생기고 소근육 발달에도 도움이 되지요.

❶ 볶음밥 재료는 달걀, 호박, 당근, 양파, 햄, 참기름, 소금, 깨, 간장
이 필요해요. 집에 있는 야채를 사용하세요.

준비물
집에 있는 채소들,
소금, 간장,
참기름, 빵칼

불을 사용할 때는 엄마가 해주세요.

❷ 아이들이 빵칼을 가지고 당근을 썰어 주세요.

❸ 호박도 작은 네모 모양으로 썰어 주세요.

❹ 가스 불이 위험해서 전기 포트를 사용했어요. 달걀도 깨 보며 함께 프라이도 해보았어요.

❺ 소금을 넣어 주세요.

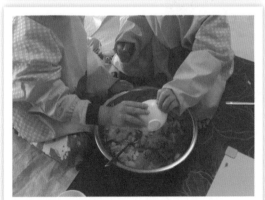

❻ 마지막으로 참기름과 깨를 넣어 주세요.

❼ 아이들이 직접 만든 볶음밥을 서로 먹여주며 맛있게 먹었답니다. ^^

5. 새콤 달콤! 요플레 과일 샐러드

아이들에게 과일을 골고루 먹이고 싶어서 과일 샐러드를 함께 만들어 보았어요.
냉장고에 있는 여러 가지 과일과 요플레 하나만 있으면 아이들과
맛있는 요리 놀이 활동을 할 수 있어요.
아이들과 함께 요플레 과일 샐러드를 만들어 보세요.

놀이 효과

과일 이름을 알아보는 시간을 가질 수 있어요.

좋아하지 않는 과일도 요플레와 함께 섞어 먹으면 맛있게 먹을 수 있어요.

과일을 썰면서 집중력과 소근육 발달에 도움을 줍니다.

❶ 재료는 요플레와 집에 있는 과일로 활동해도 좋아요.
　저는 바나나, 사과, 키위, 포도, 딸기로 만들어 봤어요.

준비물
**집에 있는 과일들,
요플레, 빵칼**

❷ 빵칼로 과일들을 썰어 주세요.

❸ 그릇에 썰은 과일들을 모두 넣어 주세요.

❹ 요플레를 넣고 아이들이 섞어보게 해주세요.

❺ 새콤달콤한 과일 샐러드를 완성!

6. 딸기 꽃 화분

딸기 꽃을 만들어 화분 케이크를 만들어 보세요.
아이들에게 나무와 꽃을 심는 방법을 알려주고 음식 재료로 함께 꾸며보세요.
아이들이 정말 재밌어하는 요리 놀이랍니다.

놀이 효과

꽃을 화분에 심는 방법을 자연스럽게 요리 놀이를 하면서 재밌게 알 수 있어요.
스스로 만든 화분 케이크를 보면서 만족감을 느낍니다.

❶ 재료는 식빵, 콘프레이크, 딸기, 생크림, 해바라기 초코, 컵, 꼬지가 필요해요.

준비물
식빵, 콘프레이크, 딸기,
생크림, 해바라기 초코,
컵, 꼬지

❷ 컵에 콘프레이크를 담아주세요.

❸ 그 위에 생크림을 올려 주세요.

❹ 식빵을 그 위에 올려 주세요.

❺ 그 위에 생크림을 다시 올리고 해바라기 씨 초코를 뿌려주세요.
화분의 흙을 표현해 주세요.

❻ 딸기를 꽃 모양으로 칼집을 내어 주세요.

❼ 꼬지에 초록색 마스킹 테이프를 감아서 줄기를 표현해 주세요.

❽ 딸기 꽃 화분 완성!

7. 달걀빵

집에서 아이들과 쉽게 만들 수 있는 달걀빵을 만들어 보세요. 아이들 최고의 간식이죠.
엄마와 함께 빵을 만들며 새로운 요리 경험을 해주세요.

놀이 효과

아이들이 요리 과정 하나하나 만들어가면서 스스로 만들었다는 성취감이 생기고 재료들을 자르면서 집중력과 소근육이 발달합니다.

❶ 재료는 햄, 치즈, 핫케이크 가루, 달걀, 식용류, 빵틀(머핀 종이 틀)이 필요해요.

준비물

햄, 치즈, 핫케이크 가루, 식용류, 머핀 종이 틀, 달걀

❷ 핫케이크 가루에 달걀을 넣고 저어 주세요.

❸ 아이들이 햄을 작게 자르도록 해주세요.

❹ 치즈도 작게 자르도록 해주세요.

❺ 머핀 종이 틀에 식용유를 발라 주세요. 빵이 달라붙지 않게 하기 위해서 발라 줍니다.

❻ 핫케이크 반죽을 틀에 3분의 2정도 넣어 주세요

❼ 그 위에 달걀을 하나 깨서 넣어 주세요.

❽ 햄과 치즈를 위에 올려 주세요.

❾ 오븐에 200도에서 20~25분 구우면 맛있는
　달걀빵 완성~!!

8. 동글동글 고구마 초코볼

고구마에 초콜릿을 묻혀서 초코볼을 만들어 보
세요. 고구마와 초콜릿이 입안에서 사르르 녹는
답니다.
만드는 재미, 먹는 재미가 있는 요리 놀이랍니다.

놀이 효과

고구마를 벗기고 동글동글 경단을 만들면서 소근육이 좋아집니다.
고구마를 좋아하지 않은 아이들도 맛있게 먹을 수 있어요.

❶ 찐 고구마를 아이와 함께 벗겨주세요.
소근육, 집중력 발달이 되겠죠~^^

준비물
고구마, 우유, 초코렛, 콘프레이크

❷ 고구마의 우유 두 스푼을 넣어 주세요.

❸ 노래를 부르며 고구마를 손으로 으깨 주세요.

❹ 고구마를 동그랗게 굴려 고구마 경단을 만들어 주세요.

❺ 콘프레이크를 봉지에 담아 손이나 방망이로 부숴주세요. 다른 과자로 하셔도 돼요.

❻ 초콜릿을 중탕으로 녹인 후 고구마 경단에
   초콜릿을 묻혀 주세요.

❼ 초콜릿을 묻힌 경단을 콘프레이크 과자 봉
   지에 넣고 묻혀 주세요.

❽ 고구마 초코볼 완성!

9. 초 간단 과일 화채

과일과 우유만 있으면 집에서도 아이들과 쉽게
과일 화채를 만들 수 있어요.
찍기 틀로 과일을 찍어 모양을 만들어 보세요.
요리에 즐거움을 느낄 수 있습니다.

놀이 효과

화채를 만들면서 과일 이름을 알게되고 맛을 경험할 수 있어요.
또 과일을 찍고, 자르면서 소근육이 발달되고 스스로 만든 요리 작품을 보면서
만족감을 느끼고 성취감이 생깁니다.

❶ 재료는 우유, 꿀, 과일(사과, 수박, 바나나), 찍기 틀이 필요해요.
　집에 있는 과일을 사용하세요.

준비물

우유, 꿀, 과일, 찍기 틀

❷ 쿠키 찍기 틀로 과일을 찍으면서 놀이해 보
세요. 찍기 틀이 없으면 빵칼로 아이들이 자
르도록 해주세요.

❸ 아이가 직접 꿀을 넣고 화채를 만들도록 해
주세요.

❹ 마지막으로 우유를 넣어 주세요.

❺ 맛있는 과일 화채 완성!

10. 바삭바삭 쿠키

아이들은 쿠키를 만드는 것을 좋아해요.
하지만 반죽을 하기엔 힘이 들지요.
마트에서 파는 쿠키 믹스 하나면 쉽고 재밌게
아이들과 쿠키 요리를 할 수 있어요.
아이들과 집에서 재밌게 쿠키를 만들어 보세요^^

놀이 효과

요리는 아이들의 창의력 발달에 도움이 되며
직접 손으로 만지면서 소근육 발달을 도와줍니다.

❶ 볼에 달걀을 깨서 넣어보게 해 주세요.

준비물
쿠키 믹스, 달걀,
쿠키 틀, 초코펜

❷ 아이가 달걀을 섞게 해 주세요.

❸ 마트에서 파는 쿠키 믹스를 부어주세요.

❹ 아이가 손으로 반죽하게 해 주세요.

❺ 아이가 밀대로 반죽을 밀게 해 주세요.

❻ 쿠키 찍기 틀로 찍어 주세요.

❼ 오븐에 180도에서 15분 정도 구워 주세요.

❽ 구워진 쿠키를 초코펜으로 꾸며 주세요.

❾ 아이가 만든 쿠키 완성!

영·유아기의 오감 놀이가 두뇌 발달에 좋다고 합니다. 대근육과 소근육 발달 놀이를 통해 신체적인 성장을 하고 스스로 감정을 표현하게 되지요.

놀이는 단순히 아이들에게 즐거움만을 주는 것이 아니라 몸과 마음을 건강하게 해줍니다. 아이는 놀이로 세상을 배우고 그 안에서 자존감을 키워 나갑니다.

엄마표 놀이를 꾸준히 해오면서 아이들의 변화가 눈에 띄게 달라졌어요.

며칠 전, 커피를 마시고 병을 식탁 위에 올려놓았는데 아이가 그 병을 미술 도구가 있는 공간으로 가져가더니 유리병에 끈을 붙이고 눈알 스티커와 꾸미기 재료를 붙이고 있었어요. 생각지도 못한 아이의 행동에 놀랐답니다. 아이는 작품을 완성하고 스스로 전시를 하며 뿌듯한 웃음을 짓고 있었어요. 저는 옆에서 구체적인 칭찬을 해 주었습니다.

"어떻게 이런 생각을 했어? 와! 여자 머리카락이 라푼젤처럼 길구나!"
"웃는 스티커를 붙이니 행복해 보인다."

심심할 때마다 아이는 스스로 미술 재료를 꺼내 물감을 칠하고 꾸미기 재료로 상상력을 동원해 창의적인 작품을 만들어 내곤 합니다.

아이 중심의 놀이, 아이의 의지로 시작하는 놀이가 진짜 놀이랍니다.

이렇게 아이가 스스로 놀이를 할 수 있기까지는 부모의 도움이 필요합니다.

하루에 10분이라도 아이와 함께 놀아주세요.

작은 놀이부터 시작하고 아이가 관심이 있을 것 같은 놀이부터 시작하면 됩니다. 그렇게 꾸준하게 아이와 사랑으로 놀이를 하다 보면 어느 순간 아이의 놀라운 변화를 경험하게 될 거라 확신합니다.

저도 처음엔 많은 시행착오도 있었고 가짜 놀이를 한 적도 있었지만 포기하지 않고 놀이를 하며 많은 변화를 경험하게 되었어요. 어떻게 놀아주는 것이 행복한 놀이인지 알게 되었고 아이들이 좋아하는 놀이가 어떤 것인지 알게 되었습니다.

아이들은 세상에 놀기 위해서 태어났어요. 놀이라는 밥을 먹으며 세상을 살아간답니다. 아이들을 더 가르치기보다는 함께 놀아주는 것이 아이를 잘 키우는 것이 아닐까요?

아이들이 자라면 엄마의 이름보다 친구들의 이름을 부르며 노는 날이 와요. 엄마와 함께하는 시간이 줄어들겠지요. 아이가 엄마 뒤를 쫓아다니며 놀아달라고 할 때 후회 없이 놀아주셨으면 좋겠어요. "어릴 때 많이 놀아주고 사랑을 많이 해줄 걸." 하며 후회해도 그 시간은 다시 돌아오지 않아요. 지금이 아이와 놀아 줄 때입니다.

제 놀이책이 아이들과 끈끈한 애착 형성에 도움이 되고 엄마의 사랑을 느끼게 할 수 있는, 엄마 냄새가 나는 책이 될 수 있기를 바랍니다. 단순한 놀이로 끝나는 것이 아니라 엄마와 아이가 행복한 놀이가 되었으면 좋겠습니다.

민주와 함께 하는 엄마표 놀이

초판 1쇄 인쇄일 | 2018년 7월 13일
초판 1쇄 발행일 | 2018년 7월 18일

....

글쓴이 | 강은영
펴낸이 | 하태복

....

펴낸곳   이가서
주소   경기도 고양시 일산서구 주엽동 81 뉴서울프라자 2층 40호
전화   031) 905-3593
팩스   031) 905-3009
등록번호   제10-2539호

....

ISBN   987-89-5864-328-9 13590